高等职业教育系列教材

建筑识图与构造

周　艳　主　编
梁海勇　杨晓亚　副主编

U0296303

中国建筑工业出版社

图书在版编目（CIP）数据

建筑识图与构造 / 周艳主编；梁海勇，杨晓亚副主编. — 北京：中国建筑工业出版社，2024.6

高等职业教育系列教材

ISBN 978-7-112-29799-3

Ⅰ.①建… Ⅱ.①周… ②梁… ③杨… Ⅲ.①建筑制图-识图-高等职业教育-教材②建筑构造-高等职业教育-教材 Ⅳ.①TU2

中国国家版本馆 CIP 数据核字（2024）第 084180 号

本书共包含 9 个项目，分别为项目 1 初识建筑、项目 2 识读基础与地下室、项目 3 识读墙体、项目 4 识读楼地面、项目 5 识读楼梯、项目 6 识读屋顶、项目 7 识读门窗、项目 8 识读变形缝和项目 9 建筑施工图综合识读。另外，本书配套建设大量数字化资源，可通过扫描二维码学习。

本书适合高等职业院校土建类专业师生使用。

为方便教师授课，本教材作者自制免费课件，索取方式为：1. 邮箱 jckj@cabp.com.cn；2. 电话（010）58337285。

责任编辑：李天虹　李　阳
责任校对：姜小莲

高等职业教育系列教材
建筑识图与构造
周　艳　主　编
梁海勇　杨晓亚　副主编

*

中国建筑工业出版社出版、发行（北京海淀三里河路 9 号）
各地新华书店、建筑书店经销
北京鸿文瀚海文化传媒有限公司制版
北京云浩印刷有限责任公司印刷

*

开本：787 毫米×1092 毫米　1/16　印张：14¾　字数：367 千字
2024 年 7 月第一版　　2024 年 7 月第一次印刷
定价：**46.00** 元（赠教师课件）
ISBN 978-7-112-29799-3
（42840）

前　言

　　编者在编写教材的过程中，结合多年的工程、教学实践经验，从高等职业院校建筑工程技术或相关专业面向的岗位（群）需求出发，通过科学全面的工作任务与职业能力分析，围绕施工图识读能力的培养重构教材内容，选择与施工图识读关键职业能力联系最为紧密、对创新型技术技能人才培养有重要影响的教材内容进行改革创新。教材主要特点有：

　　1. 可读实用兼备。教材编写遵循职业院校学生的学习特点和喜好，做到语言简洁、图文并茂，插图可视化、形象化，具有较强的可读性；教材内容编排凸显案例化教学，引用大量工程实践案例、图纸，突出施工图识读关键职业能力的培养，具有较强的实用性。

　　2. 数字资源赋能。教材配套建设大量数字化学习资源，以二维码对应链接形成融媒体教材。学生通过扫描二维码即可学习对应内容，便于学生随时学习。支持"翻转课堂"等教学模式，助力提高学生的自主学习能力和批判性思维能力，鼓励学生主动探索和解决问题。

　　3. 融入思政元素。结合建筑行业、产业发展历程、现实状况和未来趋势，挖掘蕴含爱国精神、奋斗精神、开拓创新精神、大国工匠精神等思政元素，并将其有机融入教材，是落实立德树人根本任务、推进课程思政建设的重要阵地和载体。

　　4. 融合岗课赛证。教材编写以岗位（群）所需的知识、能力、素养培养为目标，基于建筑施工过程主线构建项目、任务。编写过程中，注重吸收近年来各级各类技能大赛、技能考证的做法，设立若干岗位任务练习，着力构建岗课赛证融合的技术技能人才培养体系。

　　本教材由广东建设职业技术学院周艳担任主编；由广东建设职业技术学院梁海勇、杨晓亚担任副主编。具体编写分工为：梁海勇编写项目1（初识建筑）和项目2（识读基础与地下室）；杨晓亚编写项目3（识读墙体）和项目5（识读楼梯）；周海娜编写项目4（识读楼地面）；张文新编写项目6（识读屋顶）；林龙编写项目7（识读门窗）；周艳编写项目8（识读变形缝）和项目9（建筑施工图综合识读）中的任务9.2～9.7；孟涵编写项目9中的任务9.1。全书由周艳总体策划构思并负责统编定稿，由广东建设职业技术学院李玉甫主审。教材编写过程中，广东中山建筑设计院股份有限公司李璇姬、中天华南建设投资集团有限公司彭建良提供了案例、图纸，并给予指导。

　　限于编者的水平，书中难免有不妥之处，希望广大读者批评指正。

目　录

项目1 初识建筑

▶▶▶

知识目标

1. 熟悉建筑的分类、分级；
2. 掌握建筑的组成；
3. 了解建筑构造的设计要求；
4. 熟悉建筑模数概念及应用。

能力目标

1. 能识别建筑的类型；
2. 能识别建筑的构件。

素质目标

1. 通过学习建筑构造的设计要求，引导学生树立以人为本的工作理念；
2. 通过观察不同类型的建筑，提升学生对建筑的鉴赏能力。

 人之忠也，犹鱼之有渊

原典： 人之忠也，犹鱼之有渊。鱼失水则死，人失忠则凶。故良将守之，志立而名扬。

——【三国·蜀】诸葛亮《兵要》

释义： 人有忠诚的品德，就好比鱼儿有了水。鱼离开水就会死，人失去忠诚的品德就很危险。所以好的将领都注意保护它，使部卒的志向得以实现，名声广为传扬。

解读： 优秀的员工有一个共同的特点，那就是具有强烈的责任意识和团队精神，忠诚于企业，工作积极主动，不墨守成规，富有创造力，勇于担当工作重任，并不断追求完美去获得自己所期望的成功。忠诚不能停留在口头讲讲，而应该表里如一、知行合一、始终如一，这就必须坚定理想信念。如果理想信念不坚定，遇到一点风雨就动摇，那么表态再高调，最终也是靠不住的。忠诚不是自然而然产生的，不仅需要有朴素的情感，更要有理性的自觉和坚定的信念。人没有了忠诚之心，就像鱼没有了水一样，生命力不会长久。

任务 1.1 建筑的分类

建筑的概念

导读：建筑是人类为了满足日常生活和社会活动而创造的空间环境，它是建筑物和构筑物的总称。供人们生产、生活或进行其他活动的房屋或场所称作建筑物，如住宅、学校、办公楼、影剧院、体育馆、工厂的车间等；间接供人们使用的建筑称作构筑物，如水坝、水塔、蓄水池、烟囱等。日常生活中，人们会接触到各种不同类型的建筑物。

1.1.1 按建筑功能用途分类

建筑功能是指建筑物在物质和精神方面满足人们的使用要求。根据功能用途的不同，可将建筑分为生产性建筑和非生产性建筑。

1. 生产性建筑

生产性建筑是指提供人们从事各类生产加工的房屋，按生产服务产业可分为工业建筑和农业建筑。

（1）工业建筑

工业建筑指供人们从事各类工业生产所需的建筑，包括各类生产用房和为生产服务的附属用房。如生产车间、辅助车间、动力车间、仓库等。

（2）农业建筑

农业建筑指供人们从事农、牧业生产和加工所需的建筑。如种子库、畜禽饲养场、粮食与饲料加工站、农机修理站等。

2. 非生产性建筑

建筑的分类
（按功能用途）

非生产性建筑也称作民用建筑，指供人们居住和进行公共活动的建筑，按使用功能可分为居住建筑和公共建筑两大类。

（1）居住建筑

居住建筑是指供人们日常居住生活使用的建筑物，如住宅。

（2）公共建筑

公共建筑指供人们进行各种公共活动的建筑。公共建筑主要有行政办公建筑、文教科研建筑、医疗建筑、托幼建筑、商业建筑、体育建筑、交通建筑、邮电通信建筑、旅馆建筑、展览建筑、文艺观演建筑、园林建筑、纪念性建筑等。

常见的建筑功能类型如图 1.1-1 所示。

1.1.2 按建筑高度或层数分类

1. 按建筑高度分类

根据《民用建筑设计统一标准》GB 50352—2019，民用建筑按建筑高度进行分类，见

(a) 工业建筑　　(b) 农业建筑

(c) 居住建筑　　(d) 公共建筑

图 1.1-1　不同功能类型的建筑

表 1.1-1。

自 2020 年以来，国家发展改革委、住房和城乡建设部陆续出台了"限高"政策，严格限制新建超高层建筑，不得新建 500m 以上建筑，同时严格限制新建 250m 以上建筑。我国建筑高度超过 500m 的建筑共有 6 座，如图 1.1-2 所示。

建筑的分类
（按高度）

民用建筑按建筑高度分类　　　　　表 1.1-1

分类名称	分类标准
低层或多层民用建筑	建筑高度不大于 27.0m 的住宅建筑、建筑高度不大于 24.0m 的公共建筑及建筑高度大于 24.0m 的单层公共建筑
高层民用建筑	建筑高度大于 27.0m 的住宅建筑和建筑高度大于 24.0m 的非单层公共建筑，且高度不大于 100.0m
超高层建筑	建筑高度大于 100.0m

注：建筑高度按以下方法计算：

(1) 平屋顶建筑高度应按室外设计地坪至建筑物女儿墙顶点的高度计算，无女儿墙的建筑应按至其屋面檐口顶点的高度计算。

(2) 坡屋顶建筑应分别计算檐口及屋脊高度，檐口高度应按室外设计地坪至屋面檐口或坡屋面最低点的高度计算，屋脊高度应按室外设计地坪至屋脊的高度计算。

(3) 当同一座建筑有多种屋面形式，或多个室外设计地坪时，建筑高度应分别计算后取其中最大值。

(4) 机场、广播电视、电信、微波通信、气象台、卫星地面站、军事要塞等设施的技术作业控制区内及机场航线控制范围内的建筑，建筑高度应按建筑物室外设计地坪至建（构）筑物最高点计算。

(5) 历史建筑，历史文化名城名镇名村、历史文化街区、文物保护单位、风景名胜区、自然保护区的保护规划区内的建筑，建筑高度应按建筑物室外设计地坪至建（构）筑物最高点计算。

(6) 上述 (4) (5) 条规定以外的建筑，屋顶设备用房及其他局部突出屋面用房的总面积不超过屋面面积的 1/4 时，不应计入建筑高度。

(7) 建筑的室内净高应满足各类型功能场所空间净高的最低要求，地下室、局部夹层、公共走道、建筑避难区、架空层等有人员正常活动的场所最低处室内净高不应小于 2.00m。

(a) 上海中心大厦　　　　(b) 深圳平安国际金融中心　　　(c) 广州周大福金融中心
(632m)　　　　　　　　　　(599.1m)　　　　　　　　　　(530m)

(d) 天津周大福金融中心　　　(e) 北京中信大厦　　　　　(f) 台北101大楼
(530m)　　　　　　　　　　(528m)　　　　　　　　　(508m)

图 1.1-2　我国建筑高度超过 500m 的建筑

建筑的分类
（按层数）

2. 按建筑层数分类

按照《城市居住区规划设计标准》GB 50180—2018，住宅建筑按层数分为低层住宅建筑（1 层～3 层）、多层住宅建筑（4 层～9 层）、高层住宅建筑（10 层及以上），如图 1.1-3 所示。

(a) 低层住宅建筑　　　　　(b) 多层住宅建筑　　　　　(c) 高层住宅建筑

图 1.1-3　不同层数的住宅建筑

1.1.3　按建筑承重结构材料分类

建筑物的承重结构是指承受自重及各种外加作用力，并系统地传递给基础地基的受力骨架。根据建筑物承重结构所使用的主要材料，可以分为以下类型：

建筑的分类（按承重结构材料）

1. 木结构建筑

木结构主要承重构件使用木材制作，如木梁、木柱。木结构具有就地取材易、自重轻等优点，但构件尺寸易受木材大小限制，且耐火性、耐久性差。

2. 砌体结构建筑

砌体结构由砖、石、砌块等块材及砂浆砌筑而成，如承重墙，其中砖砌体应用最为广泛。砌体结构具有就地取材易、成本低，耐久性、耐腐蚀性好等优点，但整体性差、抗震能力弱、结构自重大、施工速度慢、现场作业量大。

3. 钢筋混凝土结构建筑

钢筋混凝土结构由钢筋、混凝土两种材料制成，常见构件有梁、柱、楼板、剪力墙等。钢筋混凝土结构具有整体性、可模性、耐火性、耐久性好等优点，但工序复杂、工期长、自重大。

4. 钢结构建筑

钢结构由钢材制作而成，常见构件有钢梁、钢柱、钢屋架等。钢结构具有强度高、自重轻、材质均匀、安装方便、抗震性能好等优点，但耐腐蚀性、耐火性差，造价高。

近年来，随着建筑结构材料技术的不断发展，逐步出现由多种结构材料组合而成的结构，如钢-混凝土组合结构。

常见的建筑承重结构材料类型如图 1.1-4 所示。

(a) 木结构建筑

(b) 砌体结构建筑

(c) 钢筋混凝土结构建筑

(d) 钢结构建筑

图 1.1-4　不同承重结构材料的建筑

1.1.4 按建筑结构受力形式分类

钢筋混凝土结构应用广泛，在建筑结构设计时，需根据建筑的用途及功能、建筑高度、荷载情况、抗震等级等因素来确定合理的受力形式。

1. 框架结构建筑

框架结构是由梁、板、柱等构件组成的承受竖向和水平荷载的受力骨架。框架结构空间布置灵活，但竖向刚度较小，抵抗水平荷载的能力差，故多用于 10 层以下的建筑。

2. 剪力墙结构建筑

剪力墙结构是由剪力墙、板等构件组成的承受竖向和水平荷载的结构，剪力墙既是承重构件，也是空间分隔、围护构件。剪力墙结构抵抗风荷载、地震作用能力强，但空间布置容易受剪力墙限制，多用于 40 层以下的建筑。

3. 框架-剪力墙结构建筑

框架-剪力墙结构是由框架和剪力墙组成的共同承受竖向和水平作用的结构。框架-剪力墙结构是在框架结构中布置一定数量的剪力墙，从而提高结构抵抗水平荷载的能力。框架-剪力墙结构兼具有空间布置灵活、抗侧力强等优点，多用于 10～25 层的建筑。

4. 筒体结构建筑

筒体结构是由一个或多个筒体组成的承受竖向和水平作用的高层建筑结构。常见的筒体结构有由剪力墙围成的薄壁筒和由密柱框架或壁式框架围成的框筒。跟其他结构形式相比，筒体结构具有很强的抗侧力能力，被广泛用于 30 层以上的建筑。

框架结构、剪力墙结构、筒体结构如图 1.1-5 所示。

(a) 框架结构　　　　　　　　(b) 剪力墙结构　　　　　　　　(c) 筒体结构

图 1.1-5　不同结构受力形式的建筑

1.1.5 按建筑规模和数量分类

建筑还可以根据建设规模、建造数量的差异进行分类，如图 1.1-6 所示。

1. 大量性建筑

大量性建筑指建筑规模不大，但数量较多、相似性高的建筑。大量性建筑与人们生活密切相关，如住宅、教学楼、医院等。

2. 大型性建筑

大型性建筑指耗资多、建筑数量少，但单栋建筑面积大的建筑。与大量性建筑相比，大型性建筑在一个国家或一个地区具有代表性，对城市面貌的影响也较大，如候机楼、体育场馆等。

(a) 大量性建筑(住宅)　　　　　　　　　(b) 大型性建筑(候机楼)

图 1.1-6　建筑的规模和数量分类

任务 1.2　建筑的组成

导读：建筑一般由承重结构、围护结构、饰面装修及附属部件组合构成。承重结构一般有基础、承重墙或柱、梁板、楼梯等；围护结构一般有围护墙（外墙）、屋顶等；饰面装修一般按其部位分为内外墙面、楼地面、屋面、顶棚等饰面装修；附属部件一般包括电梯、自动扶梯、门窗、遮阳、阳台、栏杆、隔断、花池、台阶、坡道、雨篷等。常见民用建筑的构造组成如图 1.2-1 所示。

建筑的组成

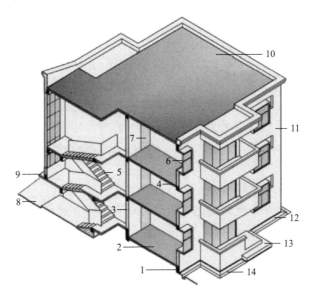

图 1.2-1　民用建筑的构造组成

1—基础梁；2—室内地坪；3—内墙；4—楼板；5—楼梯；6—窗；7—门；8—室外地坪；
9—雨篷；10—屋顶；11—外墙；12—散水；13—台阶；14—水沟

1. 基础

基础是建筑物最下部的承重构件，其作用是承受建筑物的全部荷载，并将这些荷载传给地基。基础作为建筑的主要受力构件，是建筑的根基。基础埋置于地下，容易受地下各种有害因素的侵蚀，因此必须具有足够的强度、刚度及耐久性。

2. 墙或柱

墙是建筑物的重要承重、围护、分隔构件。在砖混结构中，墙作为承重构件，需要承受屋顶、楼层传下来的各种荷载，并将荷载传给基础。外墙是建筑物的围护构件，需要抵御风霜雨雪及寒暑等自然界各种因素对室内的侵袭；内墙是建筑物内部空间分隔的构件，创造适宜的室内环境。因此，墙体应具有足够的强度、刚度和稳定性，以及一定的保温、隔热、防火、防水、隔声及耐久等性能。

柱是框架或排架结构的重要竖向受力构件，承受屋顶及楼层传来的各种荷载，并进一步传给基础，要求具有足够的强度、刚度、稳定性。

3. 楼地面

楼地面包括楼面和地面，应满足耐磨、防尘、保温等要求，并具有较高的装饰性。

楼面将建筑划分成若干个楼层，是建筑水平方向的承重构件，承受家具、设备和人等上部荷载及自重，并把这些荷载传给竖向承重构件，对建筑起着水平支撑作用。因此，楼面除了要求具有足够的强度、刚度和隔声性能外，还应具有足够的防火、防潮、防水能力。

地面是建筑底层空间与土层相接的构件，承受底层空间各种荷载。因此，地面除了要有一定的强度外，还应具有防潮、防水能力。

4. 楼梯

楼梯是建筑的垂直交通设施，供人们上下楼层、搬运家具设备和紧急疏散使用。为了保证楼梯的通行能力和安全疏散能力，需对楼梯的宽度、坡度、数量、位置、形式及防火、耐磨、防滑等性能要求进行重点设计。对于高层建筑和大型建筑而言，竖向交通主要依靠电梯、扶梯，但楼梯作为安全疏散通道仍然是建筑不可缺少的组成部分。

5. 屋顶

屋顶是建筑物顶部的围护和承重构件，直接承受作用于屋顶的使用荷载及施工、检修等其他荷载，同时抵御风、雨、雪的侵袭和太阳辐射。屋顶通常由面层、结构层、保温（隔热）层、防水层等组成，其中面层、保温（隔热）层、防水层应具有抵御自然界不利因素侵袭的能力，结构层应具有承受荷载的能力。此外，屋顶的造型，檐口、女儿墙的形式会对建筑的造型和立面形象产生较大的影响，故其外观设计应得到足够的重视。

6. 门窗

门窗均属建筑物的非承重构件。

门是用于分隔和联系两个空间的建筑构件，具有围护、通风、采光等作用。进行门的布置时，应合理确定门的宽度、高度、数量、位置和开启方式，保证门的通行能力和安全疏散要求。

窗是建筑围护结构的一部分，具有采光、通风等作用，并可供人们眺望。此外，窗的形式对建筑立面形象会产生较大的影响，故窗的设计要跟立面设计相协调。

门窗是建筑围护结构较薄弱的部分，因此在构造上应满足保温、隔热、防水、隔声、防火等要求。

任务 1.3 建筑的设计要求及等级划分

导读：建筑设计的首要任务是满足建筑物的功能要求，为人们的生产和生活创造良好的空间环境。建筑存在于自然界当中，在使用过程中容易受各种人为和自然因素的影响，因此建筑设计要采取各种措施，克服各种不利因素的影响，提高建筑的设计质量，从而满足人们对建筑功能的要求。

1.3.1 影响建筑设计的因素

1. 外力作用

外力是使建筑结构产生效应的各种原因的总称，包括直接作用和间接作用。其中，直接作用指直接作用在结构上的荷载，又分为恒荷载（如结构自重）和活荷载（如人、家具、风雪荷载及地震作用）两类。荷载是建筑结构设计的主要依据，也是结构造型及构造设计的主要基础。间接作用指不以力的形式出现的作用，如温度变化、材料收缩、徐变、地基变形等。

2. 自然环境

我国气候差异大，风、雨、雪、霜、地震、地下水等自然因素对建筑物产生不同的影响。在进行构造设计时，应该针对不同自然因素对建筑物的影响，采取相应的构造措施，如防潮、防水、保温、隔热等。

3. 人为因素

人的活动会对建筑物产生一定的影响，如机械振动、噪声、火灾等，针对这些影响可采取防振、隔声、防火等措施，避免建筑物的使用功能受到影响，如图 1.3-1 所示。

(a) 隔声措施(吸声板)　　　　　　　　　(b) 防火措施(防火帘)

图 1.3-1　隔声、防火措施

4. 使用者需求

在建筑构造设计中，满足使用者对空间环境与尺度的需求非常重要。如门洞、窗台及栏杆的高度，走道、楼梯的宽度，家具设备尺寸，建筑内部热、声、光等物理环境。

例如，儿童好奇心较强，缺乏对危险的判断力，在儿童活动较频繁的区域，栏杆应设计成竖向栏杆或玻璃栏板，防止儿童往上攀爬，如图 1.3-2 所示。

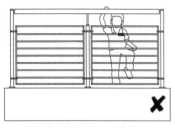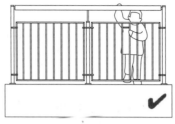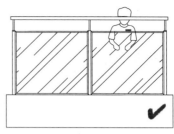

(a) 横向栏杆设计(不合理)　　　　　　(b) 竖向栏杆设计(合理)　　　　　　(c) 玻璃栏板设计(合理)

图 1.3-2　儿童活动区域栏杆形式选择

5. 建筑技术条件

随着建筑材料技术、结构技术和施工技术的不断发展，建筑构造形式更加丰富。如悬索、薄壳、网架等空间结构形式，点式玻璃幕墙，彩色铝合金吊顶，采光天窗中庭等现代建筑做法大量涌现，如图 1.3-3 所示。在构造设计中，要以构造原理为基础，在原有的建筑构造的基础上，要不断发展、创造新的构造设计。

(a) 悬索结构　　　　　　　　　　(b) 薄壳结构　　　　　　　　　　(c) 网架结构

图 1.3-3　新结构形式在建筑中的应用

6. 经济条件

经济条件对建筑构造的影响，主要是指特定建筑的造价要求对建筑装修标准和建筑构造的影响。标准高的建筑，其装修质量和档次要求高，构造做法讲究。反之，建筑构造采取简单的做法。因此，建筑构造的选材、选型和细部做法需根据装修标准的高低来确定。一般而言，大量性建筑多属一般装修标准的建筑，构造方法往往也是常规的做法，而大型性的公共建筑，装修标准高，构造做法讲究。

1.3.2　建筑的设计要求

1. 满足建筑的使用功能要求

由于建筑的用途不同，所在地区不同，往往对建筑构造的要求也不相同。如寒冷地区的建筑要解决好保温问题，炎热地区的建筑要解决好隔热和通风的问题。住宅要求隔声、保温、隔热；电影院要求吸声；X 光室要求防射线；纺织车间要求保温、防尘；化肥车间要求防腐蚀等。因此，建筑构造应当根据具体的功能要求，运用建筑材料、结构、施工技术知识，综合比较，选择合理的建筑构造设计方案。

2. 满足建筑安全要求

在设计时，除保证建筑结构整体安全外，还应保证构件间连接的可靠性，如栏杆、顶棚、门窗与墙体的连接等构造设计，均必须保证其在使用时的安全。

3. 适应建筑工业化需要

建筑构造设计应积极采用先进技术，采用国家标准图集，进行标准化设计，以适应建筑工业化的需要。

4. 经济合理

建筑构造设计应考虑经济合理性，在保证工程质量、建筑使用功能的前提下，减少材料的能源消耗，尽可能降低工程造价。

5. 注重美观

建筑细部的构造设计对建筑整体美观产生很大影响，建筑构造设计要做到美观大方，注意局部与整体的关系，注意细部的美学表达。

综上所述，建筑构造设计应做到满足功能、坚固实用、技术先进、经济合理、美观大方。

1.3.3　建筑模数

建筑设计中，为了实现建筑工业化大规模生产，使不同的建筑构配件、组合件具有一定的通用性和互换性，我国制定了《建筑模数协调标准》GB/T 50002—2013，用于约束和协调建筑的尺度关系。

建筑模数是选定的标准尺度单位，作为建筑空间、建筑构配件、建筑制品及有关设备尺寸相互协调的增值单位。

1. 基本模数

基本模数是模数协调的基本尺寸单位，数值为100mm，符号为M，即1M＝100mm。整个建筑或建筑的一部分及建筑组合件的模数化尺寸，应是基本模数的倍数。

2. 导出模数

导出模数分为扩大模数和分模数。

扩大模数是基本模数的整数倍数，水平扩大模数基数为3M、6M、12M、15M、30M、60M，其相应的尺寸分别为300mm、600mm、1200mm、1500mm、3000mm、6000mm；竖向扩大模数的基数为3M、6M，相应的尺寸为300mm、600mm。

分模数是基本模数的分数值，其基数为1/10M、1/5M、1/2M，相应的尺寸为10mm、20mm、50mm。

3. 模数数列

模数数列指以基本模数、扩大模数、分模数为基础扩展成的一系列尺寸，用于保证不同建筑物及其各组成部分之间的尺度的统一协调。

水平基本模数为1M至20M的数列，主要用于门窗洞口和构配件截面等尺寸的表达。竖向基本模数为1M至36M的数列，主要用于建筑物的层高、门窗洞口和构配件截面等尺寸的表达。

建筑的模数

水平扩大模数为3M、6M、12M、15M、30M、60M的数列，主要用于建筑物的开间或柱距、进深或跨度、构配件尺寸和门窗洞口等尺寸的表达。竖向扩大模数为3M数列，主要用于建筑物的高度、层高和门窗洞口等尺寸的表达。

分模数为1/10M、1/5M、1/2M数列，主要用于缝隙、构造节点、构配件截面等处尺寸的表达。

【识读案例】某住宅一层平面图如图 1.3-4 所示。该住宅的开间、进深采用扩大模数 6M×n，如：储藏室开间 6×100×6＝3600mm、休息室开间 6×100×7＝4200mm、接待室开间 6×100×8＝4800mm，储藏室进深 6×100×4＝2400mm、休息室进深 6×100×7＝4200mm；门窗洞口宽度采用扩大模数 3M×n，如：M0620 宽 3×100×2＝600mm、M1521 宽 3×100×5＝1500mm、M1822 宽 3×100×6＝1800mm，C0615 宽 3×100×2＝600mm、C1815 宽 3×100×6＝1800mm。

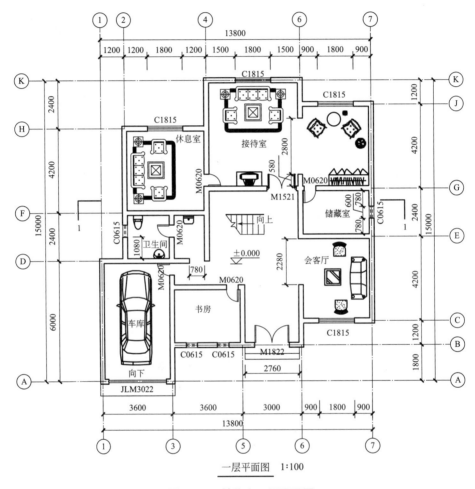

图 1.3-4　某住宅一层平面图

1.3.4　建筑设计使用年限

建筑设计使用年限是指设计规定的结构或结构构件不需进行大修即可按其预定目的使用的时期。《民用建筑设计统一标准》GB 50352—2019 将建筑的设计使用年限分为四类。

一类建筑设计使用年限为 5 年，适用于临时性建筑。

二类建筑设计使用年限为 25 年，适用于易于替换结构构件的建筑。

三类建筑设计使用年限为 50 年，适用于普通建筑和构筑物。

四类建筑设计使用年限为 100 年，适用于纪念性和特别重要的建筑。

1.3.5 建筑的耐火等级

在建筑设计中，应对建筑的防火安全给予足够的重视，满足相关规范要求。在选择结构材料和构造做法上，应根据其性质分别对待。

1. 耐火极限

耐火极限是指在标准耐火试验条件下，建筑构件、配件或结构从受到火的作用时起，到失去承载能力、完整性或隔热性时止的这段时间，用小时（h）表示。其中，失去承载能力指构件自身解体或垮塌，如梁、板受弯构件挠曲过大失去支持能力；完整性破坏指楼板、隔墙等具有分隔作用的构件出现穿透裂缝或较大的孔隙；失去分隔作用指具有分隔作用的构件背火面测温点测得平均温升达 140℃，或背火面任一点的温度升达 220℃。

2. 燃烧性能

燃烧性能指建筑构件在明火或高温辐射作用下，能否燃烧及燃烧的难易程度。建筑构件按材料的燃烧性能分为不燃烧体、难燃烧体和易燃烧体，如表 1.3-1 所示。

建筑的耐火等级

建筑构件和材料的燃烧性能　　　　　　　表 1.3-1

分类	定义	举例
不燃烧体	用不燃材料做成的建筑构件	建筑中采用的金属材料和天然或人工的无机矿物料均属于不燃烧体，如混凝土、钢材、天然石材等
难燃烧体	用难燃材料做成的建筑构件或用可燃材料做成而用不燃材料做保护层的建筑构件	如沥青混凝土、经过防火处理的木材、用有机物填充的混凝土和水泥刨花板等
易燃烧体	用可燃材料做成的建筑构件	如木材等

我国《建筑设计防火规范》GB 50016—2014（2018 年版）将民用建筑的耐火等级分为一、二、三、四级。不同耐火等级建筑物相应构件的燃烧性能和耐火极限不应低于表 1.3-2 的规定。

建筑构件的燃烧性能和耐火极限（h）　　　　　　　表 1.3-2

构件名称		耐火等级			
		一级	二级	三级	四级
墙	防火墙	不燃性 3.00	不燃性 3.00	不燃性 3.00	不燃性 3.00
	承重墙	不燃性 3.00	不燃性 2.50	不燃性 2.00	难燃性 0.50
	非承重外墙	不燃性 1.00	不燃性 1.00	不燃性 0.50	可燃性
	楼梯间和前室的墙，电梯井的墙，住宅建筑单元之间的墙和分户墙	不燃性 2.00	不燃性 2.00	不燃性 1.50	难燃性 0.50
	疏散走道两侧的隔墙	不燃性 1.00	不燃性 1.00	不燃性 0.50	难燃性 0.25
	房间隔墙	不燃性 0.75	不燃性 0.50	难燃性 0.50	难燃性 0.25

续表

构件名称	耐火等级			
	一级	二级	三级	四级
柱	不燃性 3.00	不燃性 2.50	不燃性 2.00	难燃性 0.50
梁	不燃性 2.00	不燃性 1.50	不燃性 1.00	难燃性 0.50
楼板	不燃性 1.50	不燃性 1.00	不燃性 0.50	可燃性
屋顶承重构件	不燃性 1.50	不燃性 1.00	可燃性 0.50	可燃性
疏散楼梯	不燃性 1.50	不燃性 1.00	不燃性 0.50	可燃性
吊顶（包括吊顶格栅）	不燃性 0.25	难燃性 0.25	难燃性 0.15	可燃性

思维导图

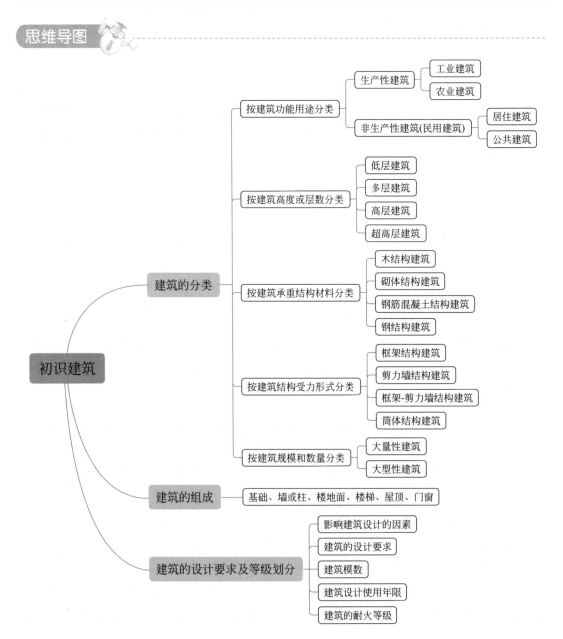

岗位任务1　识读建筑施工图总说明

岗位任务：识读岗位任务图纸，回答以下问题。

岗位任务图纸

一、单选题

1. 按建筑的功能用途分类，该建筑是（　　）。

A. 工业建筑　　　　　　　　　　　B. 农业建筑

C. 居住建筑　　　　　　　　　　　D. 公共建筑

2. 按建筑层数分类，该建筑是（　　）。

A. 低层建筑　　　　　　　　　　　B. 多层建筑

C. 中高层建筑　　　　　　　　　　D. 高层建筑

3. 按建筑承重结构的材料分类，该建筑是（　　）。

A. 木结构建筑　　　　　　　　　　B. 砌体结构建筑

C. 钢筋混凝土结构建筑　　　　　　D. 钢结构建筑

4. 按建筑结构的受力形式分类，该建筑是（　　）。

A. 框架结构建筑　　　　　　　　　B. 剪力墙结构建筑

C. 框架-剪力墙结构建筑　　　　　　D. 筒体结构建筑

5. 按建筑的设计使用年限分类，该建筑是（　　）。

A. 一类建筑　　　B. 二类建筑　　　C. 三类建筑　　　D. 四类建筑

6. 该建筑的耐火等级是（　　）。

A. 一级　　　　　B. 二级　　　　　C. 三级　　　　　D. 四级

7. 该建筑的抗震设防烈度是（　　）。

A. 6 度　　　　　B. 7 度　　　　　C. 8 度　　　　　D. 9 度

8. 该建筑的抗震设防分类是（　　）。

A. 甲类　　　　　B. 乙类　　　　　C. 丙类　　　　　D. 丁类

二、多选题

以下说法正确的是（　　）。

A. 该建筑是公寓

B. 该建筑人防工程防护等级未标注

C. 在建筑平、立、剖面图上标注的门窗尺寸均为洞口尺寸

D. 该建筑不安装电梯

E. 水、暖、电、气管线穿过楼板和墙体时，孔洞周边应采取密封隔声措施

参考答案

项目2 识读基础与地下室

知识目标

1. 掌握地基、基础、基础埋深的概念；
2. 熟悉常见的基础分类；
3. 掌握地下室组成及防水构造。

能力目标

1. 能辨别不同的基础类型；
2. 能识读基础施工图；
3. 能识读地下室防水施工图。

素养目标

1. 通过学习地基失稳引发事故的案例，培养学生的责任意识，树立安全第一的生命观；
2. 通过对地下室防水细部构造的识读，培养学生精益求精的职业素养。

 学如弓弩，才如箭镞（zú）

原典：学如弓弩，才如箭镞。识以领之，方能中鹄。

——【清】袁枚《续诗品·尚识》

释义：学问像弓弩，才能如箭头。学识引导箭头射出，才会命中靶心。

解读：学习是一个需要积累的过程，不可能一蹴而就，"贵有恒，何必三更眠五更起；最无益，只怕一日曝十日寒"。青年人正处于学习的黄金时期，更应该把学习作为首要任务，作为一种责任、一种精神追求、一种生活方式，树立"梦想从学习开始，事业靠本领成就"的观念，让勤奋学习成为青春远航的动力，让增长本领成为青春搏击的能量。

任务 2.1 认识基础

导读：地基基础是建筑工程的重要组成部分，属于地下隐蔽工程。因此，它的工程地质勘察、设计计算和施工质量直接关系到建筑物的安危。在建筑工程质量事故中，地基基础问题占很大的比例，而且地基基础事故一旦发生，进行补救就相当困难。

2.1.1 地基与基础的概念

基础是建筑物位于地面以下的承重结构，是建筑物的组成部分。基础承受上部结构传下来的荷载，并把这些荷载连同自重一起传到地基上。

地基与基础的概念及设计要求

地基则是支撑基础的土体或岩体。地基承受建筑物荷载而产生的应力和应变随着岩土层深度的增加而减小，在达到一定深度后就可忽略不计。通常把直接承受建筑物荷载的岩土层称为持力层，把持力层以下的岩土层称为下卧层。地基与基础如图 2.1-1 所示。

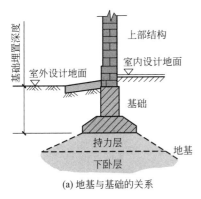
(a) 地基与基础的关系

(b) 地基实例

(c) 基础实例

图 2.1-1 地基与基础

2.1.2 地基与基础的设计要求

基础埋置深度是指室外设计地面至基础底面的垂直距离，简称基础埋深，如图 2.1-1 (a) 所示。在满足地基稳定和变形要求的前提下，基础宜浅埋，从而降低土方开挖工程量。但基础埋深过小，地基土受压后可能被挤出，降低基础的稳定性。2014 年某地一幢在建住宅楼因地基失稳发生约 20°倾斜，最后被拆除，如图 2.1-2 所示。同时，为了基础免受自然因素的侵蚀和影响，故除岩石地基外，基础埋深不宜小于 0.5m。基础埋深的大小还关系到施工的难易程度及工程造价的高低，因此，基础埋深大小应综合考虑建筑物的功能及用途、工程地质条件、水文地质条件、冻土和融陷、相邻建筑物的基础埋深等因素。

图 2.1-2　地基失稳实例

　　地基基础设计，必须坚持因地制宜、就地取材、保护环境和节约资源的原则，根据岩土工程勘察资料，综合考虑结构类型、材料情况与施工条件等因素，进行设计。为了保证建筑物的安全与正常使用，设计除了要满足地基承载力、稳定性和变形的要求外，还应满足基础强度、刚度和耐久性的要求。

2.1.3　地基的类型

　　地基虽然不属于建筑的组成部分，但它对保证建筑物的坚固耐久具有非常重要的作用。从施工的角度看，地基可分为天然地基、人工地基。

地基的类型

　　1. 天然地基

　　天然地基指自然状态下即可满足承担基础全部荷载要求，不需要人工处理的地基。当土层的地质状况较好，承载力较强时可以采用天然地基。天然地基土有岩石、碎石土、砂土、黏性土四大类。

　　天然地基经过土方开挖、地基平整后即可在其上方进行基础施工，如图 2.1-3 所示。

　　　　(a) 土方开挖　　　　　　　　　　　　(b) 地基平整

图 2.1-3　天然地基主要施工过程

　　2. 人工地基

　　人工地基指经过人工处理或改良的地基。在地质状况不佳的条件下，如坡地、沙地或淤泥地质，或虽然土层质地较好，但上部荷载过大时，为使地基具有足够的承载能力，需要采用人工加固地基。人工加固地基的方法主要有以下几种。

（1）强夯法

强夯法是反复将夯锤提到高处并使其自由落下，对地基土进行动力夯击，强制压密土体从而降低其压缩性、提高其强度的地基加固方法，如图 2.1-4 所示。强夯法适用于加固碎石土、砂土、低饱和度的粉土与黏性土、湿陷性黄土、素填土和杂填土等地基。

(a) 夯点　　　　　　　　　　(b) 夯击设备　　　　　　　　　　(c) 夯坑

图 2.1-4　强夯法

（2）换填法

换填法是挖去地表浅层软弱土层或不均匀土层，回填坚硬、较粗粒径的材料，并夯压密实，形成垫层的地基加固方法，如图 2.1-5 所示。换填法适用于加固浅层软弱地基及不均匀地基。

(a) 挖除软土　　　　　　　　(b) 回填砂石　　　　　　　　(c) 夯实地基

图 2.1-5　换填法

（3）排水固结法

排水固结法是通过排出软土地基中的水分，减小孔隙水的比例，促使地基发生固结变形，从而提高地基土强度、稳定性的地基加固方法。常见的排水固结方法有塑料排水带法、堆载预压法、真空预压法等，如图 2.1-6 所示。排水固结法适用于加固饱和软弱土地基。

(a) 塑料排水带法　　　　　　(b) 堆载预压法　　　　　　　(c) 真空预压法

图 2.1-6　排水固结法

（4）化学固结法

化学加固法是使用化学溶液或胶粘剂通过压力灌注或搅拌混合等措施将土粒胶结起来，提高土体强度，减少土体变形，提高土体稳定性的地基加固方法。常见的化学固结法有灌浆法、人工合成材料加筋加固法、硅化加固法、深层搅拌法（如图2.1-7所示）等。化学固结法适用于加固含水量较大的软弱土地基。

(a) 搅拌钻机钻头 　　　　　(b) 水泥搅拌钻机 　　　　　(c) 水泥搅拌桩

图 2.1-7　深层搅拌法

（5）挤实法

挤实法是将桩或砂、碎石、生石灰等填料用锤击、冲击、振动等方法压入土中，将原土层挤实，并与原土体形成复合土，从而增加地基土强度的一种地基加固方法，如图2.1-8所示。

(a) 打入桩加固地基 　　　　　　　　　(b) 冲振碎石加固地基

图 2.1-8　挤实法

任务 2.2　识读基础施工图

　　导读：基础施工图是表示基础的平面布置和详细构造的图样，它是施工放线、开挖和修建基础的依据。基础的类型随建筑物上部结构形式、荷载大小及土质情况而异，如图 2.2-1 所示。基础的类型有独立基础、条形基础、筏形基础、桩基础。

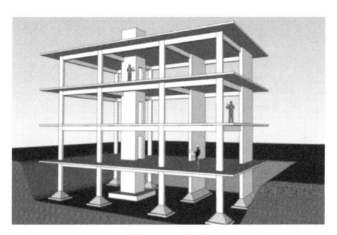

独立基础
的识读

图 2.2-1　基础

2.2.1　独立基础

当建筑物上部结构采用框架结构或单层排架结构时，基础常采用方形或矩形的独立基础。独立基础的作用是将柱传来的荷载传递到地基中，并满足建筑对地基承载力和变形的要求。独立基础是柱下基础的常见形式。

现浇混凝土框架结构一般采用阶形或锥形独立基础。当结构柱采用预制构件时，为了便于柱与基础的连接，需将基础做成杯口独立基础，方便柱子的插入与嵌固。独立基础形式如图 2.2-2 所示。

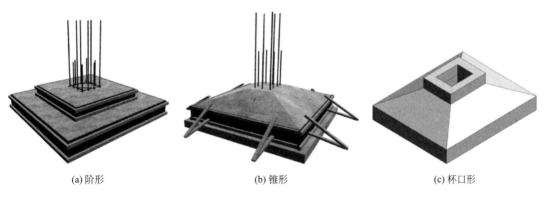

(a) 阶形　　　　　　　　　　(b) 锥形　　　　　　　　　　(c) 杯口形

图 2.2-2　独立基础形式

【识读案例】某办公楼项目基础详图（局部）如图 2.2-3 所示。将平面图、断面图结合起来，可知该基础是锥形独立基础，基础中心与纵、横方向定位轴线交点重合，并沿定位轴线两侧对称布置。基础底面标高为−1.800m，纵、横方向尺寸均为 2000mm；基础顶面纵、横方向尺寸均为 600mm，较柱子每侧宽出 50mm；基础竖向尺寸自底面至顶面依次为 300mm（不起坡部分）、200mm（起坡部分）。垫层每侧较基础底面宽出 100mm，厚度为 100mm。

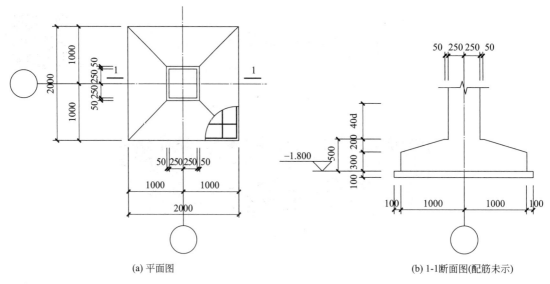

(a) 平面图   (b) 1-1断面图(配筋未示)

图 2.2-3   某办公楼项目基础详图 (局部)

2.2.2 条形基础

条形基础是指基础长度远远大于宽度的一种基础形式，呈连续的带形，也称带形基础。根据上部结构形式分为墙下条形基础和柱下条形基础，如图 2.2-4 所示。

条形基础
的识读

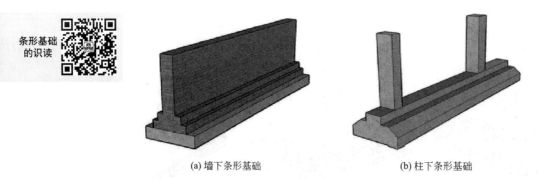

(a) 墙下条形基础   (b) 柱下条形基础

图 2.2-4   条形基础形式

墙下条形基础是砌体结构常用的基础形式。当地基土条件较好、上部结构荷载不大、基础埋深较小时，砌体结构采用墙下条形基础。墙下条形基础常用的材料有砖、毛石、混凝土，当建筑物上部是钢筋混凝土墙，或地基土条件差、荷载较大时，也可采用钢筋混凝土。

当建筑物上部为框架结构或框架-剪力墙结构，荷载较大，地基土较软弱时，为了防止不均匀沉降，用钢筋混凝土将各列柱下的基础连接在一起，形成柱下条形基础，从而提高基础的整体性，减少不均匀沉降。

条形基础一般由底板、基础梁组成，底板截面形式有坡形和阶形，如图 2.2-5 所示。

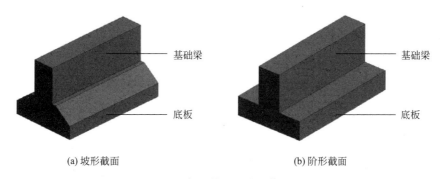

(a) 坡形截面　　　　　　　　　　(b) 阶形截面

图 2.2-5　条形基础组成及截面形式

【识读案例】某小型住宅项目条形基础施工图（局部）如图 2.2-6 所示。根据平面图和断面图可知，该基础是墙下钢筋混凝土阶形截面条形基础。识读 3-3 断面图可知，Ⓔ轴基础底面标高为 −1.500m，宽 700mm，高 300mm；垫层每侧较基础底板宽出 100mm，厚度为 100mm。基础墙为 370mm 厚砖墙，与基础相接部位每侧大放脚为 60mm。识读 4-4 断面图可知，Ⓒ轴基础宽 800mm，其他部分跟Ⓔ轴基础一致。

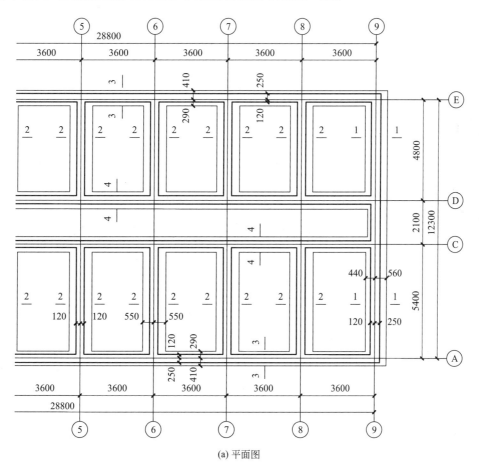

(a) 平面图

图 2.2-6　某小型住宅项目条形基础施工图（局部）（一）

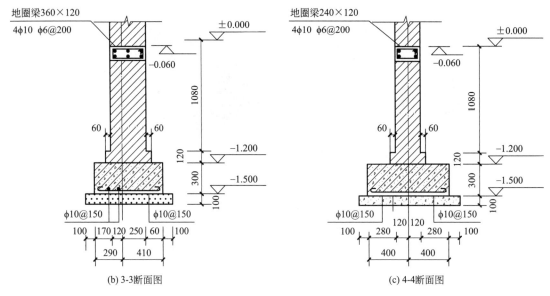

(b) 3-3断面图   (c) 4-4断面图

图 2.2-6   某小型住宅项目条形基础施工图（局部）（二）

2.2.3   筏形基础

筏形基础
的识读

当建筑物上部荷载大而地基承载力较弱，采用条形基础不能适应地基承载力和变形需要时，可将墙下或柱下基础连成一片，使建筑物的荷载落在一块整板上，这种基础称筏形基础，也称满堂红基础。筏形基础整体性好，能很好地抵抗基础不均匀沉降。筏形基础主要施工过程如图 2.2-7 所示。

(a) 地基平整   (b) 垫层浇筑   (c) 筏板成形

图 2.2-7   筏形基础施工过程（部分）

筏形基础分为平板式筏形基础和梁板式筏形基础，如图 2.2-8 所示。当上部结构荷载不大，柱网均匀且间距较小时，一般采用平板式筏形基础；当上部结构荷载较大时，常采用梁板式筏形基础。

梁板式筏形基础由基础梁、基础平板组成，基础施工完成后需要在顶部回填土方，如图 2.2-9 所示。

【识读案例】某项目基础施工图（局部）如图 2.2-10 所示。将平面图、剖面图结合起来，可知该基础是梁板式筏形基础。基础平板横向长 23.8m，纵向宽 16.6m，筏板底面标

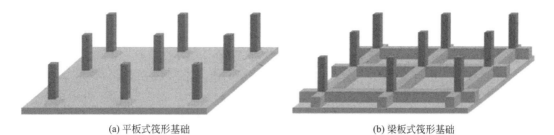

(a) 平板式筏形基础　　　　　　　　　(b) 梁板式筏形基础

图 2.2-8　筏形基础形式

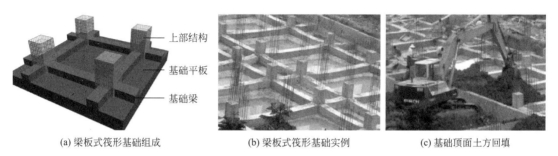

(a) 梁板式筏形基础组成　　　(b) 梁板式筏形基础实例　　　(c) 基础顶面土方回填

图 2.2-9　梁板式筏形基础组成及土方回填

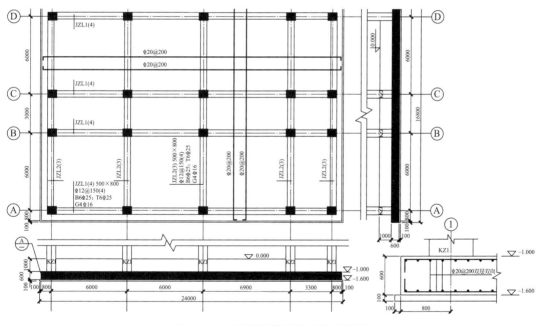

图 2.2-10　某项目基础施工图（局部）

高为－1.600m，筏板顶面标高为－1.000m，厚 600mm；根据集中标注，基础梁宽 500mm，高 800mm；垫层每侧较基础平板宽 100mm，厚 100mm；基础平板上土方回填 至±0.000，厚 1000mm。

025

2.2.4 桩基础

桩基础由承台和基桩两部分组成，如图 2.2-11 所示。承台是设置在基桩顶部连接基桩的钢筋混凝土平台，将上部结构传来的荷载分布到每根基桩上；基桩是具有一定刚度和抗弯能力的受力构件，其作用是将建筑物的荷载传递给地基土。

桩基础是应用最广泛的基础形式之一。当建筑物上部荷载大，而地基软弱土层厚，采用其他基础形式承载力不能满足要求，对软弱土层进行人工处理又很困难或不经济时，即可采用桩基础。

(a) 桩基础组成示意图

(b) 承台

(c) 基桩

图 2.2-11 桩基础的组成

承台平面形状需根据基桩的布置确定，如图 2.2-12 所示，承台的厚度应根据上部结构荷载设计计算确定。

(a) 正方形承台(四桩台)　　　　(b) 长方形承台(两桩台)　　　　(c) 六边形承台(三桩台)

图 2.2-12 承台常见形式（垫层部分）

按桩的制作材料分类，有木桩、钢筋混凝土桩、钢桩等，其中应用最广泛的是钢筋混凝土桩；按桩的制作方法分类，有预制桩、灌注桩。

预制桩在构件厂或施工现场预制，通常为方桩或管桩，如图 2.2-13 所示。预制桩长一般不超过 12m，桩的入土深度大于桩长时需要现场接桩。预制桩成桩速度快，质量容易保证。

(a) 方桩　　　　　　　　　　　　　　　　　(b) 管桩

图 2.2-13　预制桩形式

【识读案例】某学生宿舍项目桩基础施工图（局部）如图 2.2-14 所示。这是一个由 2 根基桩和长方形承台组成的桩基础，基桩采用直径 400mm 的预制桩（从施工图说明识读，此处未示），每根桩中心距离承台边缘 500mm，两根桩中心距离 1750mm，桩顶伸入承台 50mm；承台平面形状为长方形，长 2750mm，宽 1000mm，厚 1450mm。垫层每侧较承台宽出 100mm，厚 100mm。

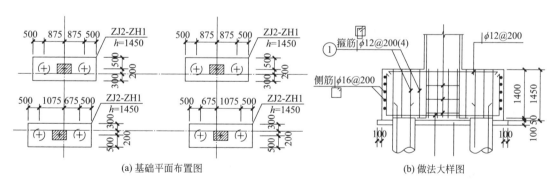

(a) 基础平面布置图　　　　　　　　　　　　　(b) 做法大样图

图 2.2-14　某学生宿舍项目桩基础施工图（局部）

灌注桩是在桩位上通过机械或人工成孔，然后在孔内安放钢筋笼并灌注混凝土而成，如图 2.2-15 所示。灌注桩施工不产生振动、噪声小，不需要接桩，但灌注桩施工要求严格，在软弱土层中易产生颈缩、断裂。

【识读案例】某灌注桩基础施工图（局部）如图 2.2-16 所示。基桩 ZH1、ZH2 桩径分别为 1200mm、1500mm，成孔深度、入岩深度另见施工图说明。桩顶伸入承台 100mm（凿除桩头后）。承台垫层厚 100mm，每侧较承台宽出 100mm。

(a) 机械钻桩孔

(b) 安放钢筋笼

(c) 灌注混凝土

图 2.2-15　灌注桩主要施工步骤

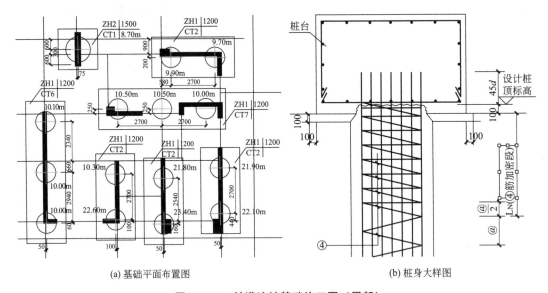

(a) 基础平面布置图　　　　　　　　　　　　　(b) 桩身大样图

图 2.2-16　某灌注桩基础施工图（局部）

任务2.3　识读地下室施工图

导读：地下室室内地面低于室外地面，是建筑空间向地下的延伸。设置地下室可以在不增加建设用地的情况下增加使用面积。高层建筑结合基础埋深设置地下室，既可以提高建筑用地效率，又可以提高经济效果。

2.3.1　地下室分类及组成

地下室的分类及组成

1. 地下室分类

按使用功能分，地下室分为普通地下室、防空地下室，如图 2.3-1 所示。普通地下室通常结合民用建筑修建，一般不作居住场所使用，常用于布置公共场所或建筑的辅助空间；防空地下室可以单独修建或结合地面建筑修建，平时可用作商场、仓库、车库等，战时作为人员掩蔽体、人防物资库、人防汽车库、人防医疗救护工程、人防电站等。

(a) 普通地下室

(b) 防空地下室

图 2.3-1　地下室按功能分类

地下室按埋深可以分为全地下室、半地下室，如图 2.3-2 所示。地下室埋深为地下室房间净高 1/2 的以上时叫全地下室。全地下室埋深较大，不利于采光、通风，多采用人工照明和机械通风。地下室埋深为地下室房间净高的 1/3～1/2 时叫半地下室。由于半地下室部分处于室外地面以上，可以进行自然采光、通风，可作为普通房间使用，如办公室等。

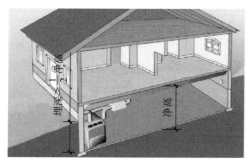
(a) 全地下室

(b) 半地下室

图 2.3-2　地下室按埋深分类

2. 地下室组成

地下室一般由墙体、顶板、底板、门窗、采光井、楼梯等部分组成，如图 2.3-3 所示。不同使用功能的地下室，在组成和构件的功能要求上有所不同。

（1）墙体

地下室外墙不仅承受建筑上部的荷载，还承受土压力、地下水及土壤冻结时产生的侧压力作用，所以地下室外墙应具有足够的强度和稳定性。此外，地下室外墙所处环境潮湿，还应具有良好的防水、防潮性能。地下室迎水面墙体应采用防水混凝土，厚度不应小于 250mm，地下室内墙结合上部结构布置可采用混凝土墙或填充墙，如图 2.3-4 所示。

（2）顶板

普通地下室顶板一般与楼板相同，采用钢筋混凝土现浇板。当地下室顶板为种植顶板时，顶板应为现浇防水混凝土，厚度不应小于 250mm，如图 2.3-5 所示。防空地下室顶板

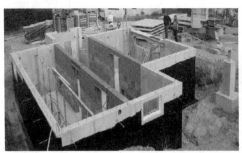

图 2.3-3　地下室的组成

(a) 地下室外墙　　　　　　　　　　　　(b) 地下室内墙

图 2.3-4　地下室墙体

(a) 现浇混凝土顶板　　　　　　　　　　(b) 顶板覆土

图 2.3-5　地下室顶板

应具有一定的防护厚度，防护厚度不足的，应覆盖一定厚度的夯实土。

（3）底板

地下室底板一般为现浇钢筋混凝土板，与地下水接触时，底板应采用防水混凝土，厚度不应小于 250mm。由于底板承受荷载较大，且易受地下水影响，所以地下室底板应具有良好的整体性和较大的刚度，并具有防水、抗渗能力。如图 2.3-6 所示。

（4）门窗

普通地下室的门窗与地上房间门窗构造相同。平战结合防空地下室门窗应具有良好的密闭性、抗冲击性，应采用特种门窗。常见的防爆波活门，平时开启可满足地下室的采光、通风需求，战时封闭可使地下室免受爆炸影响。如图 2.3-7 所示。

(a) 地下室底板钢筋绑扎　　　　　　(b) 地下室底板混凝土浇筑

图 2.3-6　地下室底板

(a) 密闭门　　　　　　　(b) 防护密闭门　　　　　　　(c) 特种门

图 2.3-7　地下室人防门

（5）采光井

采光井是地下室外墙的侧窗与挡土墙围成的井形采光口。井底低于窗台，并设有排水设施。现代建筑采光井大多采用钢化玻璃遮盖，兼具遮雨、防坠落功能，如图 2.3-8 所示。

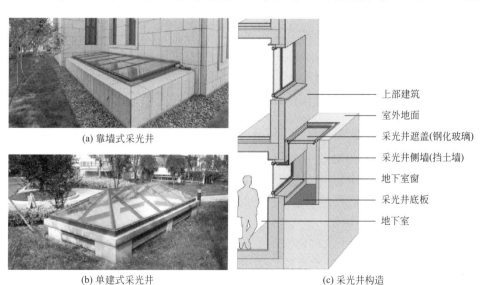

(a) 靠墙式采光井

(b) 单建式采光井　　　　　　　(c) 采光井构造

上部建筑
室外地面
采光井遮盖(钢化玻璃)
采光井侧墙(挡土墙)
地下室窗
采光井底板
地下室

图 2.3-8　采光井

（6）楼梯

高层建筑地下室与地上层不应共用楼梯间，确需共用楼梯间时，地下室与地上部分的连接部分应采用耐火极限不低于2.00h的隔墙和乙级防火门隔开，如图2.3-9（a）所示。室内地面与室外出入口层高差大于10m或3层及以上的地下室，其疏散楼梯宜采用防烟楼梯间；对于其他地下室，疏散楼梯应采用封闭楼梯间。当不能自然通风或自然通风不能满足要求，采用机械加压送风系统时，应设置防烟楼梯间。

防空地下室至少设置两个出口通向地面，其中一个是独立的安全出口，独立安全出口与地面以上建筑的距离要求不小于地面建筑高度的一半，以防止建筑物遭受空袭倒塌堵塞出口，如图2.3-9（b）所示。

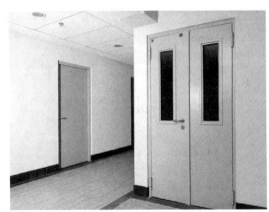 

(a) 楼梯间分隔防火门   (b) 防空地下室独立出口

图2.3-9　地下室楼梯和出口

【识读案例】某别墅地下室建筑施工图如图2.3-10所示。该地下室长17.55m、宽17.3m。地下室四周外墙为钢筋混凝土墙，中间为框架柱。地下室地坪标高有－3.000m和－3.600m两种，不同标高部分用4级踏步连接；在地下室东、西、北侧各布置一个采光井，井底标高为－3.100m。在地下室西侧布置集水坑，长1.8m、宽0.8m，坑底标高为－4.100m。

2.3.2　地下室防水

地下室的外墙和底板都埋在地下，容易受到土中水和地下水的影响，因此，防潮、防水问题是地下室设计需要解决的一个重要问题。一般可根据地下室的防水标准和结构形式、水文地质条件等来确定防潮、防水构造做法。当地下室底板高于地下水位时应做防潮处理；当地下室底板有可能浸泡在地下水中时应做防水处理。

1. 防水等级

根据《地下工程防水技术规范》GB 50108—2008，地下工程防水分为四个等级，各等级防水标准、适用范围如表2.3-1所示。

地下室
防水措施

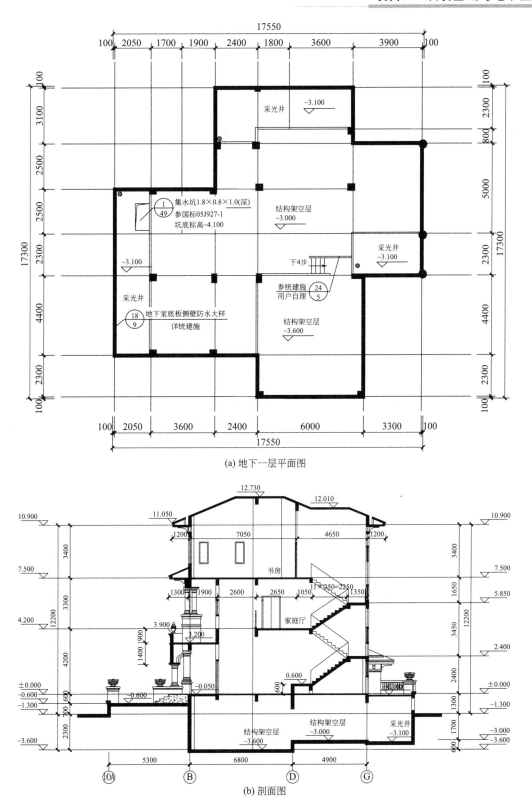

(a) 地下一层平面图

(b) 剖面图

图 2.3-10　某别墅地下室建筑施工图

地下工程防水标准及适用范围　　　　表 2.3-1

防水等级	防水标准	适用范围
一级	不允许渗水,结构表面无湿渍	人员长期停留的场所;因有少量湿渍会使物品变质、失效的贮物场所及严重影响设备正常运转和危及工程安全运营的部位;极重要的战备工程、地铁车站
二级	不允许漏水,结构表面可有少量湿渍;对工业与民用建筑,总湿渍面积不应大于总防水面积(包括顶板、墙面、地面)的 1/1000;任意 $100m^2$ 防水面积上的湿渍不超过 2 处,单个湿渍的面积不大于 $0.1m^2$	人员经常活动的场所;在少量湿渍的情况下不会使物品变质、失效的贮物场所及基本不影响设备正常运转和危及工程安全运营的部位;重要的战备工程
三级	有少量漏水点,不得有线流或漏泥沙;任意 $100m^2$ 防水面积上的漏水或湿渍点数不超过 7 处,单个漏水点的最大漏水量不大于 2.5L/d,单个湿渍的最大面积不大于 $0.3m^2$	人员临时活动的场所;一般战备工程
四级	有漏水点,不得有线流和漏泥沙;整个工程平均漏水量不大于 $2L/(m^2 \cdot d)$,任意 $100m^2$ 防水面积上的平均漏水量不大于 $4L/(m^2 \cdot d)$	对漏水无严格要求的工程

2. 防水措施

地下室的防水做法应根据使用功能、使用年限、水文地质、结构形式、环境条件、施工方法及材料性能等因素确定。地下室常用的防水做法有混凝土防水和卷材防水两类。

（1）混凝土防水

地下室墙体和底板用防水混凝土浇筑,同时具备承重、围护、抵御土压力和防水能力。防水混凝土的配制除了要满足强度要求外,还要满足抗渗要求。防水混凝土的设计抗渗等级应符合表 2.3-2 的规定。

防水混凝土设计抗渗等级　　　　表 2.3-2

埋置深度 H(m)	设计抗渗等级
$H<10$	P6
$10 \leqslant H<20$	P8
$20 \leqslant H<30$	P10
$H \geqslant 30$	P12

常用的防水混凝土配制方法有:

① 改善骨料级配。采用不同粒径的骨料进行级配,并适当减少骨料的用量,增加砂率、水泥用量,以保证砂浆充满于骨料之间,从而提高混凝土的密实性和抗渗性。

② 添加外加剂。在混凝土中掺入微量有机或无机外加剂,改善混凝土和易性,从而提高混凝土的密实性和抗渗性。常用的外加剂有引气剂、减水剂、三乙醇胺、氯化铁等。

③ 补偿混凝土收缩。在混凝土中掺入适量膨胀剂或使用膨胀水泥,使混凝土在硬化过程中产生膨胀,弥补混凝土收缩形成的孔隙,从而提高混凝土的密实性和抗渗性。

（2）卷材防水

卷材防水是在地下室墙体、底板与土中水、地下水之间用不透水的防水卷材作为阻隔，阻止水的渗透。用作防水的卷材品种有高聚物改性沥青防水卷材（如弹性体沥青防水卷材、改性沥青聚乙烯胎防水卷材、自粘聚合物改性沥青防水卷材）、合成高分子防水卷材（如三元乙丙橡胶防水卷材、聚氯乙烯防水卷材、聚乙烯丙纶复合防水卷材、高分子自粘胶膜防水卷材），如图 2.3-11 所示。

(a) 高聚物改性沥青防水卷材　　　　　　(b) 聚乙烯丙纶复合防水卷材

图 2.3-11　防水卷材种类

防水卷材品种规格、铺设层数应根据防水等级、地下水位高低及结构构造形式等因素确定。除自粘防水卷材外，高聚物改性沥青防水卷材一般采用热熔法施工，即一边用火焰加热熔化卷材底层的热溶胶，一边铺贴卷材；合成高分子防水卷材一般采用冷粘法施工，即在常温下一边涂抹胶粘剂，一边铺贴卷材；此外，有的防水卷材底面自带粘结层，施工时一边剥离隔离层，一边铺贴卷材，如图 2.3-12 所示。

(a) 热熔法　　　　　　　(b) 冷粘法　　　　　　　(c) 自粘法

图 2.3-12　防水卷材铺贴方法

3. 防水细部构造

根据防水卷材铺贴位置，有外防水和内防水两种，如图 2.3-13 所示。防水卷材铺贴在地下室外侧即迎水面称外防水，外防水可以对地下室形成整体包围，防水效果好，但施工工期长，多用于新建建筑物地下室外墙防水；防水卷材铺贴在地下室内侧即背水面称内防水，内防水施工方便，施工速度快，容易维修，但防水效果差，多用于既有建筑物地下室渗漏修补。

（1）转角、施工缝、后浇带部位防水构造

混凝土浇筑的地下室底板、外墙、顶板部位的施工缝和后浇带应设置止水带，同时封堵严密，固定牢固，振捣密实。墙体最低水平施工缝应高出底

地下室防水
细部构造

(a) 外防水　　　　　　　　　　　　　　　　(b) 内防水

图 2.3-13　地下室防水卷材铺贴位置

板表面不小于 300mm。常见的止水钢板厚 3mm，宽 300mm，带有 45°翻角，并沿结构厚度居中布置。如图 2.3-14 所示。

(a) 止水钢板连结形式　　　　(b) 墙身施工缝止水钢板　　　　(c) 底板后浇带止水钢板

图 2.3-14　地下室止水钢板

在大面积铺贴地下室防水卷材前，应先在转角部位、施工缝、后浇带等防水薄弱位置铺贴卷材加强层，加强层宽度不应小于 500mm，如图 2.3-15 所示。

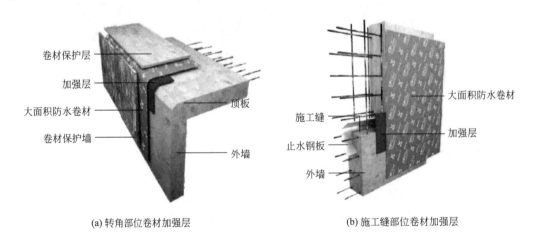

(a) 转角部位卷材加强层　　　　　　　　　　(b) 施工缝部位卷材加强层

图 2.3-15　地下室转角部位、施工缝卷材加强层

（2）穿墙管部位防水构造

管道穿越地下室底板、外墙、顶板时，应加焊止水环或加套遇水膨胀止水圈，并预埋在混凝土中，如图 2.3-16 所示。在大面积铺贴地下室防水卷材前，在穿墙管洞周边增设宽度不小于 500mm 的加强层。

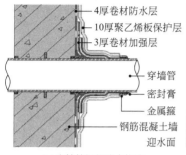

(a) 穿墙管细部防水构造

(b) 加焊止水环的穿墙管

(c) 穿墙管预埋

图 2.3-16　地下室穿墙管部位防水

（3）变形缝部位防水构造

为了提高地下室的防水效果，常在变形缝的外侧铺贴防水卷材加强层、橡胶止水带，并用沥青砂浆、沥青麻丝或浸沥青木丝板等填嵌缝隙。常见的外贴式、中埋式橡胶止水带是利用橡胶的高弹性，在各种荷载下产生弹性变形，从而起到坚固密封、防止漏水渗水及减震缓冲的作用，如图 2.3-17 所示。

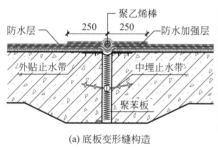

(a) 底板变形缝构造

(b) 橡胶止水带

(c) 底板变形缝止水带

图 2.3-17　地下室外贴式橡胶止水带

（4）防水卷材搭接、接缝构造

卷材搭接处和接头部位应粘贴牢固，接缝应封严或采用材性相容的密封材料封口，如图 2.3-18 所示。搭接宽度符合表 2.3-3 的要求。

(a) 改性沥青防水卷材搭接

(b) 合成高分子防水卷材搭接

图 2.3-18　防水卷材搭接

防水卷材的搭接宽度 表 2.3-3

卷材品种	搭接宽度(mm)
弹性体沥青防水卷材	100
改性沥青聚乙烯胎防水卷材	100
自粘聚合物改性沥青防水卷材	80
三元乙丙橡胶防水卷材	100/60(胶粘剂/胶结带)
聚氯乙烯防水卷材	60/80(单面焊/双面焊)
	100(胶结剂)
聚乙烯丙纶复合防水卷材	100(粘结料)
高分子自粘胶膜防水卷材	70/80(自粘胶/胶结带)

铺贴双层卷材时，上下两层卷材和相邻两卷材的接缝应错开 1/3～1/2 的幅宽，且两层卷材不得相互垂直铺贴，如图 2.3-19 所示。

  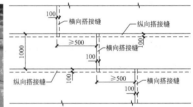

图 2.3-19　防水卷材接缝

外防水工序做法有两种，当地下室外墙外侧有满足铺贴防水卷材的空间时，先进行地下室外墙施工，再将防水卷材铺贴在外墙外表面，最后砌筑防水卷材保护墙，这种做法叫外防外贴法；当地下室外墙外侧空间狭小，则先砌筑防水卷材保护墙，再将防水卷材铺贴在保护墙内表面，最后进行地下室外墙施工，这种做法叫外防内贴法，如图 2.3-20 所示。

(a) 外防外贴法　　　　　　　　　　(b) 外防内贴法

图 2.3-20　地下室外防水做法

采用外防外贴法铺贴防水卷材应符合以下规定：
(1) 应先铺平面，后铺立面，交接处互相搭接。
(2) 临时保护墙宜采用石灰砂浆砌筑，内表面宜做找平层。

（3）从底面折向立面的卷材与永久性保护墙的接触部位应采用空铺法铺贴，卷材与临时保护墙或围护结构模板的接触部位应将卷材临时贴附在该墙或模板上，并将顶端临时固定。

（4）当不设保护墙时，从底面折向立面的卷材接槎部位应采用可靠的保护措施。

（5）混凝土结构完成，铺贴立面卷材时，应先将接槎部位的各层卷材揭开，并清理表面，对受损部位进行修补，卷材接槎的搭接长度，高聚物改性沥青卷材应为 150mm，合成高分子卷材应为 100mm；当使用双层卷材时，卷材应错槎接缝，上层卷材应盖过下层卷材。

地下室卷材防水层接缝构造如图 2.3-21 所示。地下室底板防水卷材铺贴时，预留外墙防水接头的做法叫甩槎；地下室外墙防水卷材铺贴时，与底板防水卷材接头相接的做法叫接槎。

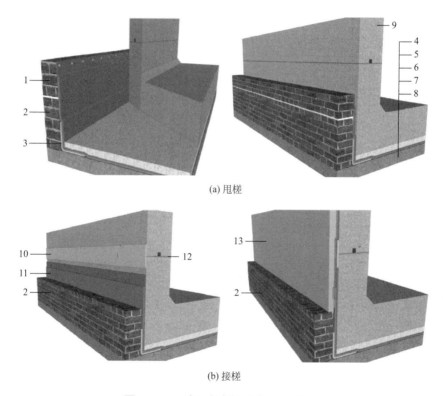

(a) 甩槎

(b) 接槎

图 2.3-21　地下室卷材防水层接缝构造

1—临时保护墙；2—永久保护墙；3—转角卷材加强层；4—底板；5—细石混凝土保护层；
6—底板卷材防水层；7—找平层；8—混凝土垫层；9—外墙；10—施工缝卷材加强层；
11—外墙卷材防水层；12—施工缝；13—外墙卷材保护层

【识读案例】某地下室防水节点详图（局部）如图 2.3-22 所示。该地下室防水做法为外防水。竖向主要构造层次自下至上依次为 100mm 厚 C15 混凝土垫层、卷材防水层、50mm 厚细石混凝土保护层、钢筋混凝土底板。在底板与外墙交接处、底板变截面处增设防水卷材加强层，加强层自转角点向两侧各延伸 250mm。外墙施工缝设在距底板顶面500mm 处，设 3mm 厚止水钢板，止水钢板宽 300mm，居中于墙体并沿施工缝对称布置。

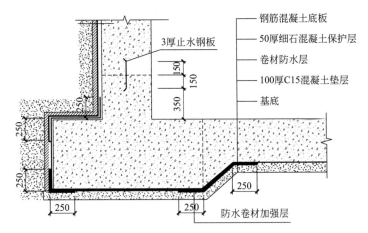

钢筋混凝土底板

50厚细石混凝土保护层

卷材防水层

100厚C15混凝土垫层

基底

3厚止水钢板

防水卷材加强层

图 2.3-22 某地下室防水节点详图（局部）

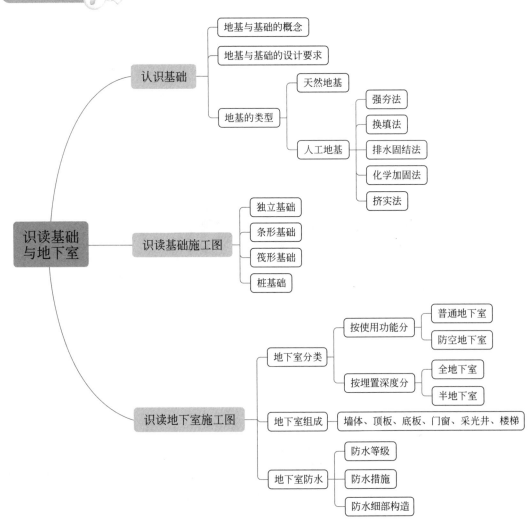

岗位任务 2　识读基础与地下室施工图

岗位任务 2-1：扫描右侧二维码识读 1 号办公楼基础结构平面图，回答第
1～3 题。

1号办公楼
基础结构
平面图

单选题

1. 该办公楼 JC-3 基础的形式是（　　）。

A. 阶形独立基础　　　　　　　　　B. 锥形独立基础

C. 条形基础　　　　　　　　　　　D. 筏形基础

2. 该办公楼基础采用的材料是（　　）。

A. C10 混凝土　　　　　　　　　　B. C15 混凝土

C. C25 混凝土　　　　　　　　　　D. C30 混凝土

3. 该办公楼基础上方的承重构件是（　　）。

A. 钢筋混凝土柱　　　　　　　　　B. 钢筋混凝土墙

C. 砖砌体　　　　　　　　　　　　D. 砌块砌体

岗位任务 2-2：扫描右侧二维码识读某住宅小区冲孔灌注桩说明，回答
第 4～6 题。

某住宅小区
冲孔灌注桩
说明

一、单选题

1. 该灌注桩直径规格有（　　）。

A. 1 种　　　　　B. 2 种　　　　　C. 3 种　　　　　D. 4 种

2. 该灌注桩要求入岩深度（　　）。

A. ≥300mm　　　B. ≥500mm　　　C. ≤300mm　　　D. ≤500mm

二、多选题

根据图纸说明，以下说法正确的是（　　）。

A. 该冲孔灌注桩是端承摩擦桩

B. 该冲孔灌注桩持力层是中微风化层

C. 该冲孔灌注桩混凝土强度等级为 C35

D. 浇灌混凝土时，需先将孔内的水抽干

E. 浇灌混凝土时，混凝土完成面标高与桩顶设计标高一致

岗位任务 2-3：识读岗位任务图纸，回答第 7～12 题。

岗位任务
图纸

一、单选题

1. 该地下室地坪的标高为（　　）。

A. ±0.000　　　　　　　　　　　　B. 4.200

C. −3.500　　　　　　　　　　　　D. −0.300

2. 该地下室防水等级为（　　　）。

A. Ⅰ级 　　　　　　B. Ⅱ级 　　　　　　C. Ⅲ级 　　　　　　D. Ⅳ级

3. 该地下室底板防水找平层做法是（　　　）。

A. 40厚C20细石混凝土找平 　　　　　　B. 100厚C15混凝土找平

C. 10厚1：2.5水泥砂浆找平 　　　　　　D. 20厚1：2.5水泥砂浆找平

4. 该地下室砌体永久保护墙高（　　　）。

A. 500mm 　　　　B. 600mm 　　　　C. 800mm 　　　　D. 底板厚度＋300mm

二、多选题

1. 关于该地下室采光天井的构造，以下说法正确的是（　　　）。

A. 采光井底面较地下室地坪低

B. 采光井顶部较室外地坪低

C. 采光井侧壁为砖砌体

D. 采光井宽1200mm

E. 图纸未明确采光井屋面玻璃具体做法

2. 关于该地下室防水做法，以下说法正确的是（　　　）。

A. 地下室采用卷材防水

B. 地下室底板与侧壁交接处用C20细石混凝土做倒角

C. 地下室侧壁防水保护层自底至顶均为砌体墙

D. 地下室底板防水保护层为40厚C20细石混凝土

E. 地下室底板与侧壁交接处防水加强层做法为增涂涂料一层

参考答案

项目3 识读墙体

▶▶

知识目标

1. 了解墙体的类型及作用;
2. 掌握墙体的细部构造。

能力目标

1. 能够进行墙体的初步构造设计;
2. 能够识读图纸中的墙体相关内容。

素养目标

1. 通过了解墙体的设计要求,树立学生低碳环保、绿色发展的思想理念;
2. 通过学习墙体的细部构造并进行墙体的初步构造设计,培养自主解决实际问题的能力。

天道酬勤

原典: 舜发于畎(quǎn)亩之中,傅说举于版筑之间,胶鬲举于鱼盐之中,管夷吾举于士,孙叔敖举于海,百里奚举于市。

——【先秦】孟子《生于忧患,死于安乐》

释义: 舜从田野耕作之中被起用,傅说从筑墙的劳作之中被起用,胶鬲从贩鱼卖盐中被起用,管夷吾从狱官手里被释放并加以任用,孙叔敖从海滨隐居的地方被起用,百里奚被从奴隶集市里赎买回来并被起用。

解读: 典故从舜发迹于田间说起,列举历史上六位出身卑微但后来均有所作为成为杰出人物的事迹,说明但凡有所作为的人都须有一个艰苦奋斗的过程,他们都是在艰苦环境中经过一系列的磨炼,吃各种各样的苦,才逐渐增长才干,有所成就的。一个人是这样,一个国家也如此。

任务 3.1 认识墙体

导读：墙体是建筑的重要组成部分，需要考虑建筑体型、地质条件、自然条件、人文条件、温度变化或者地震等多种因素。墙体材料和构造做法等直接影响建筑的使用功能、自重、造价、节能和施工工期。

3.1.1 墙体的作用及设计要求

1. 墙体的作用

（1）承重作用：承受楼面及屋面等水平承重构件传来的荷载，如图 3.1-1（a）所示。

（2）围护作用：抵御自然界风、雨、雪等的侵袭，防止太阳辐射、噪声干扰，并起到保温隔热作用等，如图 3.1-1（b）所示。

（3）分隔作用：把建筑内部划分成不同使用功能的空间，如图 3.1-1（c）所示。

（4）装饰作用：提高建筑的艺术效果，美化环境，如图 3.1-1（d）所示。

(a) 承重作用

(b) 围护作用

(c) 分隔作用

(d) 装饰作用

图 3.1-1 墙体的作用

2. 墙体的设计要求

（1）满足承载力要求

墙体需要承受自身重量及其他构件传来的荷载，因此需要足够的承载能力来保证结构的安全。墙体的承载能力与采用的材料、墙体厚度、构造方式等有关。砌块及砂浆强度等级越高，所砌筑的墙体承载能力就越高；墙体厚度越大，承载力越高。

（2）满足热工要求

外墙是建筑室内外热量传递的媒介，其热工性能的好坏会对建筑的使用及能耗产生直接的影响。墙体热工设计应与地区气候相适应，通常采取以下几个方面的保温措施：

①增加外墙厚度，使传热过程延缓，达到保温目的。②选用孔隙率高、密度小的材料做外墙，如有机类（苯板、聚苯板、挤塑板、聚苯乙烯泡沫板、硬质泡沫聚氨酯、聚碳酸酯及酚醛等）、无机类（如珍珠岩水泥板、泡沫水泥板、复合硅酸盐、岩棉、蒸压砂加气混凝土砌块、传统保温砂浆等）和复合材料类（如金属夹芯板、芯材为聚苯、玻化微珠、聚苯颗粒等）等。③采用添加保温材料的组合墙，形成保温构造系统，有效阻止墙体吸收能量。保温材料应为不燃或难燃材料，常用的保温材料如岩棉、膨胀珍珠岩、加气混凝土等。外墙保温构造如图3.1-2所示。

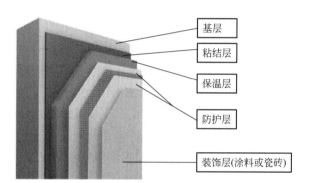

基层
粘结层
保温层
防护层
装饰层(涂料或瓷砖)

墙体的作用及设计要求

图3.1-2 外墙保温构造

【识读案例】某外墙外保温构造图（局部）如图3.1-3所示，从图中可知，墙体构造层次由内向外依次为：

① 粘结层。界面砂浆，用来提高墙体与保温层的粘结性。

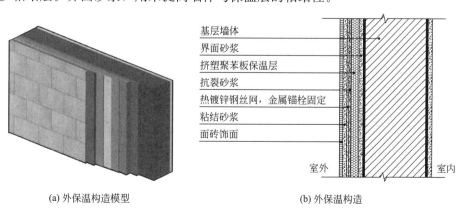

基层墙体
界面砂浆
挤塑聚苯板保温层
抗裂砂浆
热镀锌钢丝网，金属锚栓固定
粘结砂浆
面砖饰面

室外　　室内

(a) 外保温构造模型　　　　(b) 外保温构造

图3.1-3 外墙外保温构造图（局部）

② 保温层。挤塑聚苯板，对墙体的保温性能起关键作用。

③ 防护层。抗裂砂浆与热镀锌钢丝网，两者组成抗裂防护层，对挤塑聚苯板保温层起保护作用。

④ 装饰层。饰面砖通过粘结砂浆粘贴在防护层上，主要起装饰作用。

冬季建筑物的门窗通常处于紧闭状态，室内湿度大、温度高，空气中水蒸气多。当室内热空气传至外墙时，墙体内的温度较低，当达到露点温度时，蒸汽在墙内形成凝结水，水的导热系数较大，因此就使外墙的保温能力明显降低。为了避免这种情况产生，应在靠室内高温一侧设置隔汽层，阻止水蒸气进入墙体。隔汽层材料一般采用卷材、防水涂料或薄膜。隔汽层在墙体中的位置如图 3.1-4 所示。

外墙和屋面等围护结构中的钢筋混凝土或金属梁、柱、肋等部位传热能力强，往往是室内外热量传递的桥梁（热桥），故热桥部位应做保温处理，如图 3.1-5 所示。

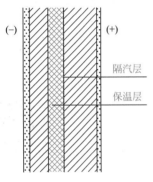

图 3.1-4　隔汽层构造

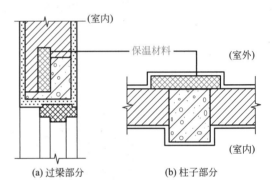

图 3.1-5　热桥部位保温处理

炎热地区室外温度高于室内，为了阻隔太阳辐射热传入室内，提高室内环境的舒适程度，通常采用如下隔热做法：

① 房屋的墙体采用导热系数小的材料或采用中空墙体以减少热量的传导。

② 外墙采用浅色而平滑的外饰面，以减少墙体对太阳辐射热的吸收。

③ 房屋东、西向的窗口外侧设置遮阳设施，以避免阳光直射室内。

④ 合理选择建筑朝向，平面、剖面设计和窗户布置应有利于组织通风。

（3）满足隔声要求

为了使室内有安静的环境，保证人们的工作和生活不受噪声的干扰，要求建筑根据使用性质的不同进行噪声控制。墙体是隔离噪声的主要屏障，一般采取以下措施提高其隔声性能：

① 加强墙体的密封处理。如对墙体与门窗、通风管道等的缝隙进行密封处理。

② 增加墙体密实性及厚度。墙体厚度越厚，隔声能力越好，但一味地增加墙厚来提高隔声性能是不经济，也不合理的。

③ 采用有空气间层或多孔性材料的夹层墙。由于空气间层或玻璃棉等多孔材料具有减振和吸声作用，从而提高了墙体的隔声能力。

（4）满足防火要求

建筑墙体的材料及厚度，应满足《建筑防火通用规范》GB 55037—2022 中相应的燃烧性能和耐火极限的要求。

（5）满足防水防潮要求

在卫生间、厨房、实验室等用水的房间及地下室的墙应采取防水防潮措施。选择良好的构造做法，可以提高墙体的坚固耐久性，使室内有良好的干燥卫生环境。

（6）满足建筑工业化要求

墙体采用新型轻质高强材料，提高建筑工业化的应用，可以减轻自重、提高施工效率，降低工程成本。

3.1.2 墙体的类型

1. 按承重情况分类

墙体按承重情况可分为承重墙和非承重墙。

承担楼板及屋顶等水平构件传来荷载的墙称为承重墙，常用于墙承重结构，如图 3.1-6 所示。

墙体的类型

一般情况下仅承受自重的墙体称为非承重墙，例如框架结构中的填充墙和承受风荷载的幕墙，如图 3.1-7 所示。

图 3.1-6 承重墙

图 3.1-7 非承重墙

2. 按墙体材料分类

（1）**砖墙**：用砖和砂浆砌筑的墙为砖墙，砖有普通黏土砖、黏土多孔砖、黏土空心砖、灰砂砖、矿渣砖等，如图 3.1-8（a）所示。

（2）**石墙**：用石材和砂浆砌筑的墙为石墙，如图 3.1-8（b）所示。

（3）**土墙**：用土坯和黏土砂浆砌筑的墙或模板内填充黏土夯实而成的墙为土墙，如

图 3.2-8（c）所示。

（4）砌块墙：用工业废料制作的砌块砌筑的墙为砌块墙，如图 3.1-8（d）所示。

（5）钢筋混凝土墙：用钢筋混凝土现浇或预制的墙为钢筋混凝土墙，如图 3.1-8（e）所示。

（6）其他墙：包括多种材料结合的组合墙、各种幕墙，如图 3.1-8（f）所示。

（a）砖墙

（b）石墙

（c）土墙

（d）砌块墙

（e）钢筋混凝土墙

（f）金属幕墙

图 3.1-8　墙体按材料分类

3. 按墙体位置分类

（1）按所在位置分类

墙体根据在建筑中位置的不同，分为外墙、内墙、女儿墙等，如图 3.1-9 所示。

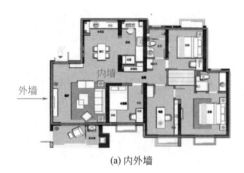
（a）内外墙

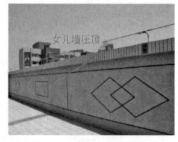
（b）女儿墙

图 3.1-9　墙体按所在位置分类

位于建筑物四周外围的墙称外墙，外墙是建筑物的外围护结构，起着挡风、阻雨、保温、隔热等围护室内房间不受侵袭的作用；位于建筑物内部的墙称内墙，起着分隔房间的作用；女儿墙是建筑物屋顶周围的矮墙，上部用混凝土作压顶，主要作用除围护安全外，也可以避免防水层渗水以及屋顶雨水漫流。

（2）按所在方向分类

墙体按布置方向分为纵墙和横墙。

沿建筑物短轴方向布置的墙称横墙，横墙有内横墙和外横墙之分。沿建筑物长轴方向布置的墙称纵墙，纵墙有内纵墙和外纵墙之分。如图 3.1-10 所示。

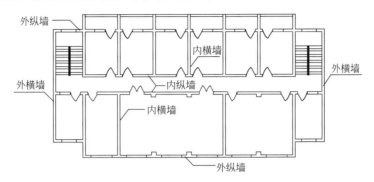

图 3.1-10 纵横墙

建筑物两端的外横墙一般称为山墙，古代房屋建筑两端墙的上端与屋顶斜坡形成一个三角形，似古体"山"字，故称"山墙"，它的作用主要是与邻居的住宅隔开以便于防火。常见山墙有人字形、锅耳形、波浪形等多种形式。如图 3.1-11 所示。

(a) 人字形山墙   (b) 锅耳形山墙   (c) 波浪形山墙

图 3.1-11 山墙形式

任务 3.2 识读墙体的细部构造

导读：墙体的细部组成内容多，在开展构造设计时，应综合考虑建筑所处环境及使用功能、耐久性、造型等需求。

3.2.1 墙体的材料及组砌方式

1. 墙体的材料及强度

（1）砖的种类和强度等级

砖是传统的砌墙材料，按材料不同，有黏土砖、灰砂砖、页岩砖、粉煤灰砖、炉渣砖

墙体的材料
及组砌方式

等；按外观形状不同，有普通实心砖（标准砖）、多孔砖和空心砖三种，如图 3.2-1 所示。

普通实心砖的标准名称叫烧结普通砖，是指没有孔洞或孔洞率小于 15% 的砖。常见的有黏土砖、炉渣砖、粉煤灰砖等。

多孔砖是指孔洞率不小于 15%，孔的直径小而数量多的砖。

空心砖是指孔洞率不小于 15%，孔的直径大而数量少的砖。

根据烧结普通砖的抗压强度平均值将砖的强度分为 MU30、MU25、MU20、MU15、MU10 五个等级。

(a) 实心砖

(b) 多孔砖

(c) 空心砖

图 3.2-1　砖的外观形状分类

标准砖的规格为 240mm×115mm×53mm，加入灰缝尺寸后，砖的长、宽、厚之比为 4：2：1。标准砖的尺寸关系如图 3.2-2 所示。

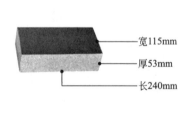

宽 115mm
厚 53mm
长 240mm

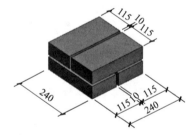

图 3.2-2　标准砖尺寸关系

（2）砌筑砂浆的种类和强度等级

砌筑墙体的砂浆按粘结料不同分为水泥砂浆、石灰砂浆和混合砂浆。水泥砂浆属于水硬性材料，强度高，主要用于砌筑地下部分的墙体和基础；石灰砂浆属于气硬性材料，防水性差，强度低，适宜用于砌筑非承重墙或荷载较小的墙体；混合砂浆由水泥、石灰膏、砂加水拌和而成，有较高的强度和良好的可塑性、保水性，在地上砌体中被广泛应用。

砂浆强度等级分为 M30、M25、M20、M15、M10、M7.5、M5 七个等级。砂浆强度等级是以边长为 7.07cm 的立方体试块，在（20±2）℃温度、相对湿度为 90% 以上的标准条件下养护至 28d 的抗压强度值确定。

2. 砖墙尺寸及组砌方式

（1）砖墙的尺寸

砖墙的尺寸主要指块材和灰缝组砌后的尺寸。以常用的实心砖规格为例，用砖的三个方向的尺寸作为墙厚的基数，组砌很灵活，组砌后常见砖墙厚度见表 3.2-1。

砖墙的厚度尺寸（单位：mm）　　　　　　　　表 3.2-1

墙厚名称	1/2 砖	3/4 砖	1 砖	1 砖半	2 砖	2 砖半
标志尺寸	120	180	240	370	490	620
实际尺寸	115	178	240	365	490	615
习惯称谓	12 墙	18 墙	24 墙	37 墙	49 墙	62 墙
应用部位	隔墙	承重墙	承重墙	承重墙、基础	基础	基础

（2）砖墙的组砌方式

组砌方式指的是砖块在墙体中的排列方式，砖墙在砌筑时应遵循"内外搭接、上下错缝"的原则，砖缝要横平竖直、砂浆饱满、厚薄均匀。砖与砖之间搭接和错缝的距离一般不小于 60mm。如果垂直灰缝在一条线上，即形成通缝，在荷载作用下，会使墙体的稳定性和强度降低。将砖的长边垂直于砖墙长边砌筑时，称为丁砖。将砖的长边平行于砖墙长边砌筑时，称为顺砖。砖墙常用的组砌方式有全顺式（12 墙）、一顺一丁式（24 墙）、梅花丁式（丁顺相间式）（24 墙）、两平一侧式（18 墙）、多顺一丁式（24 墙）以及一横一顺式（37 墙）等，如图 3.2-3 所示。

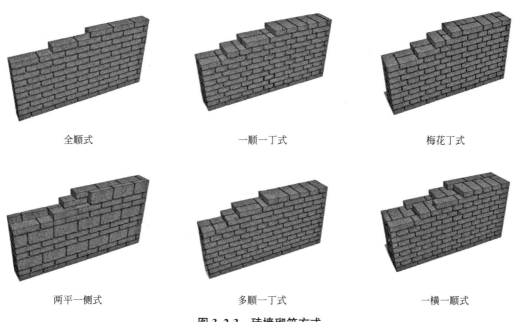

全顺式　　　　　　　　一顺一丁式　　　　　　　　梅花丁式

两平一侧式　　　　　　　多顺一丁式　　　　　　　一横一顺式

图 3.2-3　砖墙砌筑方式

空斗墙是指用砖侧砌或平、侧交替砌筑成的空心墙体，是一种优良轻型墙体。一般将侧砌的砖称为斗砖，平砌的砖称为眠砖，如图 3.2-4 所示。空斗墙节省材料，自重轻，隔热性能好，在南方炎热地区一些小型民居中有采用，但该墙体整体性稍差，对砖和施工技术水平要求较高。

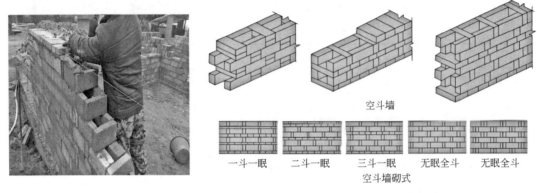

图 3. 2-4 空斗墙砌筑方式

3.2.2 墙体的细部构造

1. 墙身防潮层

在日常生活中，经常见到首层墙体根部抹灰起鼓脱落和发霉等现象，如图 3.2-5 所示。

在首层墙体与土壤接触的部位，土壤中的水分会沿着墙体的毛细管上升从而使墙身受潮。墙身一旦受潮，室内的墙体抹灰就会脱落或者发霉，所以为了保持室内干燥、卫生以及提高建筑物的耐久性，需要在首层墙体根部铺设阻止潮气进入室内的防潮层。墙身防潮层应在首层所有的内外墙中连续设置，有水平防潮层和垂直防潮层两种形式。

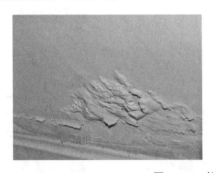

图 3. 2-5 墙体受潮照片

（1）水平防潮层

水平防潮层设置位置：在建筑物首层墙体室内地面附近设水平方向的防潮层，以隔绝地下潮气等对墙身的影响。当室内地面为不透水材料时，将水平防潮层设置在室内地面附近比较合适，一般设置在地面标高下 60mm 处，处于不透水地面中间。当室内地面附近有地梁或圈梁时，可以不做防潮层，如图 3.2-6 所示。

水平防潮层做法：

防潮层按所用材料的不同，一般分为砂浆防潮层和细石钢筋混凝土防潮层，如图 3.2-7 所示。

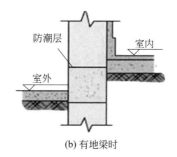

(a) 垫层不透水时　　　　　　　　　　(b) 有地梁时

图 3.2-6　水平防潮层位置

① 砂浆防潮层

具体做法是在防潮层的位置铺设防水砂浆层或用防水砂浆砌筑 1～2 皮砖。防水砂浆是在水泥砂浆中，加入水泥重量的 3%～5% 的防水剂配制而成，防潮层厚 20～25mm，较适用于抗震地区和一般的砖墙中。但当地基有不均匀沉降时，会开裂失效。

② 细石钢筋混凝土防潮层

具体做法是在 60mm 厚的细石混凝土中配 $3\phi6$～$3\phi8$ 钢筋形成防潮带。这种防潮层抗裂性能好，且能与砌体结合为一体，故适用于整体刚度要求较高的建筑中。

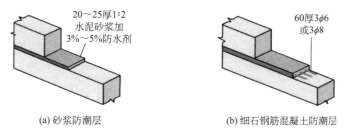

(a) 砂浆防潮层　　　　　　　　　(b) 细石钢筋混凝土防潮层

图 3.2-7　水平防潮层做法

（2）垂直防潮层

当室内地坪出现高差或室内地坪低于室外地面时，不仅要在两侧地坪墙体附近设两道水平防潮层，而且，为避免室内地坪较高一侧土壤或室外地面回填土中的水分侵入墙身，对有高差部分的垂直墙面在填土一侧沿墙设置垂直防潮层，如图 3.2-8 所示。

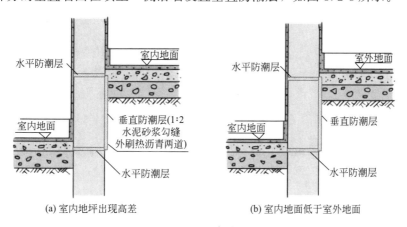

(a) 室内地坪出现高差　　　　　　　(b) 室内地面低于室外地面

图 3.2-8　垂直防潮层

垂直防潮层的一般做法是在两道水平防潮层之间的垂直墙体迎土侧，采用 20mm 厚防水砂浆抹灰防潮。

【识读案例】某综合楼墙体防潮层构造做法如图 3.2-9 所示，从图中可以看出在室内首层地面以下 60mm 设置了水平防潮层，采用了砂浆防潮层。具体做法为：在 1∶2.5 水泥砂浆中，加入水泥重量的 3％JJ91 硅质密实剂配制而成，防潮层厚 20mm。本工程不存在墙体室内地坪有高差和室内地坪低于室外地面的情况，故不设垂直防潮层。

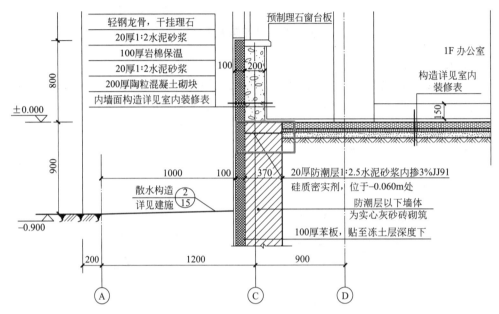

图 3.2-9　防潮层构造

2. 勒脚、踢脚、墙裙、护角

（1）勒脚

勒脚是外墙接近室外地面的部分，主要作用是防止外界机械性碰撞对墙体的损坏，防止屋檐滴下的雨、雪水及地表水对墙的侵蚀以及美化建筑外观，如图 3.2-10 所示。

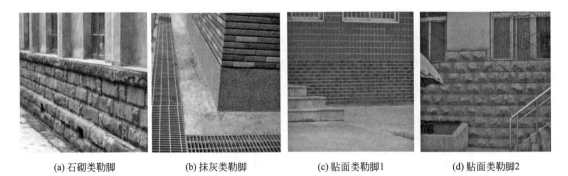

(a) 石砌类勒脚　　(b) 抹灰类勒脚　　(c) 贴面类勒脚1　　(d) 贴面类勒脚2

图 3.2-10　勒脚类型

勒脚的做法常有以下几种：①石砌类勒脚，对勒脚容易遭到破坏的部分采用块石或石条等坚固的材料进行砌筑；②抹灰类勒脚，为防止室外雨水对勒脚部位的侵蚀，常对勒脚的外表面作水泥砂浆抹面；③贴面类勒脚，可用人工石材或天然石材贴面，如水磨石板、陶瓷面砖、花岗石、大理石等。

【识读案例】某综合楼勒脚构造如图 3.2-11 所示，从图中可以看出勒脚高度是从室外地面到首层窗台处，勒脚面层采用饰面砖。

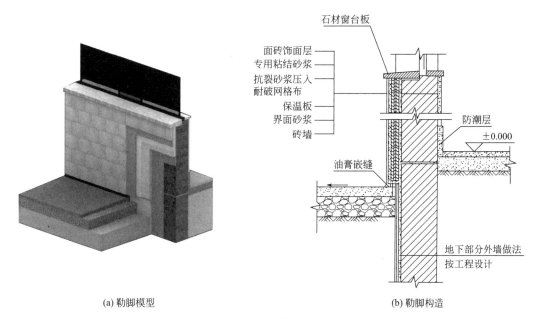

(a) 勒脚模型　　　　　　　　　　　　　　　　(b) 勒脚构造

图 3.2-11　勒脚构造

（2）踢脚

踢脚（踢脚板、踢脚线）是外墙内侧和内墙两侧与室内地坪交接处的构造。踢脚是起防止扫地时污染墙面，防止墙体受潮等保护墙脚的作用，有些踢脚线还可以隐藏电线和网线。踢脚材料一般和地面相同，踢脚的高度一般在 120~150mm。踢脚按其所用材料的不同，有水泥踢脚、水磨石踢脚、瓷砖踢脚、木踢脚、塑料踢脚等，如图 3.2-12 所示。踢脚按其收口方式的不同，可以分为凸踢脚、嵌入踢脚（暗踢脚）、平齐踢脚三种，如图 3.2-13 所示。

(a) 木踢脚

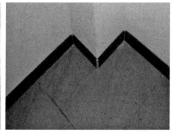

(b) 瓷砖踢脚

(c) 塑料踢脚

图 3.2-12　踢脚（按材料）

(a) 凸踢脚

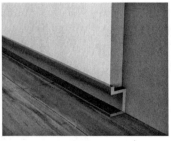
(b) 嵌入踢脚

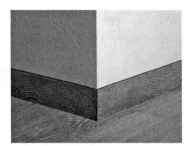
(c) 平齐踢脚

图 3.2-13 踢脚（按收口）

【识读案例】某综合办公楼楼梯间踢脚构造做法如图 3.2-14 所示，从踢脚做法表和踢脚构造图可以看出，本工程踢脚为凸踢脚，高度为 150mm。砖墙基层刷素水泥浆一遍，内掺水泥重量 3％～5％的白乳胶，2∶1∶8 水泥石灰砂浆打底 17mm 厚，刷 3～4mm 纯水泥浆镶贴面砖并用水泥浆擦缝。

		面砖踢脚线	
踢脚	踢-1 ☑	1. 8～10厚面砖，水泥浆擦缝 2. 3～4厚纯水泥浆镶贴 3. 17厚2∶1∶8水泥石灰砂浆，分两次抹灰 4. 刷素水泥浆一遍(内掺水重3%～5%白乳胶)	楼梯间及前室
		水泥踢脚	
	踢-2 ☐	1. 刷108胶素水泥浆一遍，配合比为108胶：水=1：4(适用于轻质混凝土墙体) 2. 15厚1∶3水泥砂浆 3. 10厚1∶2水泥砂浆抹面压光，100高	

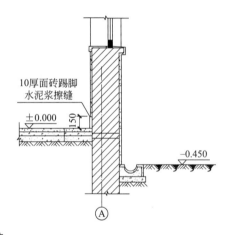

图 3.2-14 踢脚构造

（3）墙裙

墙裙是室内墙面或柱面下部外加的表面层，常用水泥砂浆、水磨石、瓷砖、大理石、木材或涂料等材料做成，起保护墙面、柱面免受污损及装饰的作用，一般高度为 1.0～1.8m。如图 3.2-15 所示。

(a) 涂料墙裙

(b) 木墙裙

(c) 塑料墙裙

图 3.2-15 墙裙

（4）护角

护角用于保护墙角或柱角，广泛设置于室内外墙柱阳角处。护角不仅能保证墙角的线条笔直美观，还起到防撞防碰的作用。主要材料是水泥砂浆、橡胶、木材、金属等基材。如图3.2-16所示。

(a) 钢护角

(b) 水泥砂浆护角

九、内装修工程	9.1	内装修工程执行《建筑内部装修设计防火规范》，楼地面部分执行《建筑地面设计规范》，一般装修见"室内装修做法表"；
	9.2	内装修选用的各项材料及其材质，均由施工单位制作样板和选样，经建设单位和设计单位确认后进行封样，并据此进行验收；
	9.3	室内混合砂浆粉刷墙，柱及门洞口阳角处均做每侧50宽，2000高，20厚1:2水泥砂浆护角；
	9.4	汽车库、仓库等柱脚须加做1m高L60×5角钢或5厚钢板护角，锚筋2ϕ6@300，L=200；
	9.5	凡风道烟道竖井内壁砌筑灰缝需饱满，并随砌随原浆抹光，其余有检修门之管道井内壁做混合砂浆面扫白；
	9.6	凡砖砌电梯井道内壁随砌随原浆抹光，钢筋混凝土电梯井道内壁可不做粉刷；
	9.7	有吊顶房间墙、柱、梁粉刷或装饰面仅做到吊顶标高以上100，吊顶标高详室内精装修设计图纸；
	9.8	水池、水箱四壁及地面均做20厚1:2水泥砂浆，聚合物水泥防水涂料2厚，面贴白色瓷片；

(c) 护角图纸说明

图 3.2-16　护角

3. 散水与明沟

散水是沿建筑物外墙四周设置的向外倾斜的坡面，其作用是将屋面下落的雨水迅速排到远处，保护墙基避免雨水侵蚀。散水的宽度，应根据土壤性质、气候条件、建筑物的高度和屋面排水形式确定，宜为600～1000mm，当屋面采用自由落水时，散水宽度应比屋檐宽200mm左右。散水厚度一般为60～80mm，坡度为3%～5%。由于建筑物的自沉降以及外墙勒脚与散水施工时间的差异，在勒脚与散水交接处，应留有缝隙，缝宽可为10～30mm，缝内满填防水材料，以防渗水。为防止温度应力及散水材料干缩造成的裂缝，在散水整体面层的转角处以及沿长度方向每隔6～12m做一道伸缩缝，并在缝中填防水材料，如图3.2-17所示。

散水与明沟

(a) 转角处伸缩缝

(b) 长度方向伸缩缝

(c) 勒脚与散水之间的伸缩缝

图 3.2-17　散水

散水通常采用的材料有砖、石、水泥砂浆、混凝土等，对于季节性冰冻地区的散水还需在垫层下加设 300mm 厚防冻胀层，防冻胀材料可采用粗砂、矿渣等。散水构造如图 3.2-18 所示。

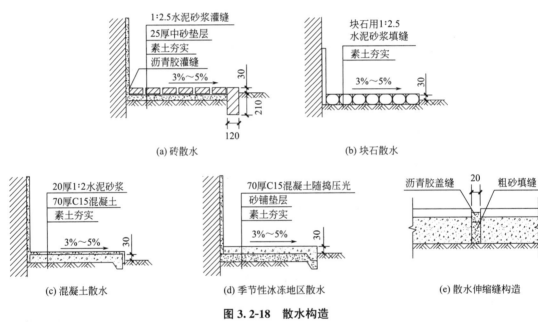

图 3.2-18　散水构造

【识读案例】某建筑散水构造做法如图 3.2-19 所示，从图中可知散水宽度为 800mm，排水坡度为 5%。散水基层为素土夯实，垫层采用 150mm 粒径 5～32mm 卵石灌 M2.5 的混合砂浆并宽出面层 100mm，垫层为 60mm 厚 C20 混凝土，面层采用 20mm 厚 1:2.5 水泥砂浆压实赶光。在勒脚与散水交接处，留有 20mm 宽缝隙，采用密封膏嵌缝。

明沟又称阳沟、排水沟，设置在建筑物的外墙四周，以便将屋面落水和地面积水有组织地导向地下排水井，然后流入排水系统，保护外墙基础。明沟一般采用混凝土浇筑，或用砖、石砌筑成宽不小于 180mm、深不小于 150mm 的沟槽，然后用水泥砂浆抹面。为保证排水通畅，沟底应有不小于 1% 的纵向坡度，如图 3.2-20 所示。

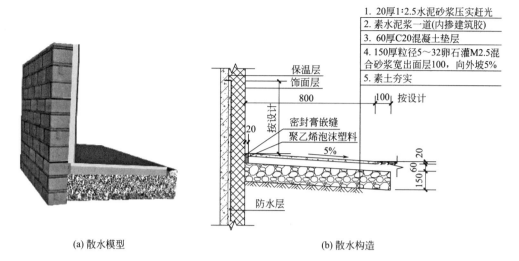

1. 20厚1:2.5水泥砂浆压实赶光
2. 素水泥浆一道(内掺建筑胶)
3. 60厚C20混凝土垫层
4. 150厚粒径5～32卵石灌M2.5混合砂浆宽出面层100，向外坡5%
5. 素土夯实

(a) 散水模型　　　　　　　　(b) 散水构造

图 3.2-19　散水构造做法

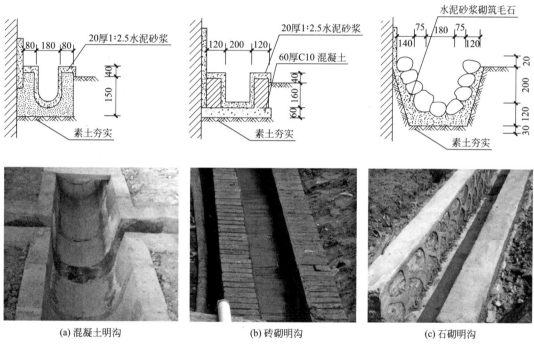

(a) 混凝土明沟　　　　　(b) 砖砌明沟　　　　　(c) 石砌明沟

图 3.2-20　明沟构造

4. 窗台与窗楣

（1）窗台

窗台根据位置的不同分为外窗台和内窗台两种。外窗台的主要作用是排水，避免室外雨水沿窗向下流淌渗入墙身且沿窗缝渗入室内，同时避免雨水污染外墙面。外窗台应有不透水的面层，并向外形成一定的坡度以利于排水。

外窗台有悬挑和不悬挑两种，如图 3.2-21 所示。悬挑窗台底部边缘处应做滴水线，

窗台与窗楣

避免雨水沿窗台底面流至下部墙体污染墙面。当外墙面材料为贴面砖时，因为墙面砖表面光滑，容易被上部淌下的雨水冲刷干净，可设不悬挑窗台，只在窗洞口下部用面砖做成斜坡，现在不少建筑采用这种形式。

(a) 不悬挑窗台　　　　　　　(b) 悬挑窗台　　　　　　　(c) 滴水线

图 3.2-21　窗台形式

为了增加窗台下部墙体的整体性和稳定性，一般在外墙的窗台顶部设置钢筋混凝土压顶。窗台压顶可以有效减少由应力集中引起墙体裂缝，防止外部雨水进入影响下部墙体的强度，如图 3.2-22 所示。

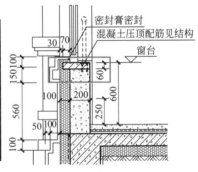

图 3.2-22　窗台压顶

（2）窗楣

窗楣即窗框上的墙体构造，与窗台做法类似，底部边缘处应做滴水线，避免雨水沿窗楣底面流至下部污染窗面。在中国古代建筑设计中，以它为主的建筑造型设计有很多，多以木质建筑材料为主，而国外因文化差异，多以石料建筑材料为主，如图 3.2-23 所示。

图 3.2-23　窗楣

5. 过梁

当门窗洞口上方有墙体时，为了将洞口上部墙体的各种荷载传递给洞口两侧的墙体，常在门窗洞口上设置横梁，该梁称为过梁，如图 3.2-24 所示。常见的有砖拱过梁、钢筋砖过梁和钢筋混凝土过梁三种。

 过梁

图 3.2-24 门窗过梁

（1）砖拱过梁

砖拱过梁有平拱和弧拱两种类型，其中平拱形式用得较多。砖拱过梁应事先设置胎模，由砖侧砌而成，拱中的砖垂直放置，称为拱心。灰缝上宽下窄，靠材料之间产生的挤压摩擦力来承受上部墙体荷载。

砖平拱的中心比两端略高，为跨度的 1/100～1/50，适用跨度不大于 1.2m，如图 3.2-25（a）所示。弧拱立面呈弧形，如图 3.2-25（b）所示，或半圆形，如图 3.2-25（c）所示，跨度为 2～3m。砌筑砂浆强度等级不低于 M5，砖强度等级不低于 MU10。砖拱过梁节约钢材和水泥，但施工麻烦，整体性差，不宜用于地震区、过梁上有集中荷载或振动荷载，以及地基不均匀沉降处的建筑。

(a) 砖平拱   (b) 弧形砖拱   (c) 半圆形砖拱

图 3.2-25 砖拱过梁

（2）钢筋砖过梁

钢筋砖过梁是在砖缝里配置钢筋，形成可以承受荷载的加筋砖墙体。钢筋砖过梁施工方便，整体性较好，适用于跨度不大于 2m，上部无集中荷载的洞口上。

钢筋砖过梁的构造要求：①强度等级不低于 MU7.5 的砖和不低于 M5 的砌筑砂浆；②过梁的高度应在 5 皮砖以上，且不小于洞口跨度的 1/4；③钢筋放置于洞口上部的砂浆层内，砂浆层为 1:3 水泥砂浆 30mm 厚，钢筋数量不少于 3ϕ6。钢筋两端伸入墙内不少于 240mm，并做 60mm 高的垂直弯钩，如图 3.2-26 所示。

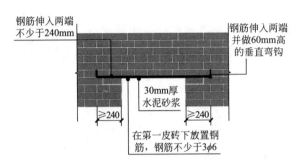

图 3.2-26　钢筋砖过梁

（3）钢筋混凝土过梁

钢筋混凝土过梁承载能力强，跨度可超过 2m，施工简便，被广泛采用。按照施工方式不同，钢筋混凝土过梁分为现浇和预制两种，截面尺寸及配筋应由计算确定。过梁的高度应与砖的皮数尺寸相匹配，以便于墙体的连续砌筑，常见的梁高为 120mm、180mm、240mm，过梁的宽度通常与墙厚相同。为了避免洞口两侧墙体局部压坏，过梁两端伸入墙体的长度各不应小于 240mm。

钢筋混凝土过梁的截面形式有矩形和 L 形两种，矩形截面过梁施工制作方便，是常用的形式。带窗楣板的钢筋混凝土过梁，可按设计要求出挑，一般可挑 300～500mm，如图 3.2-27 所示。

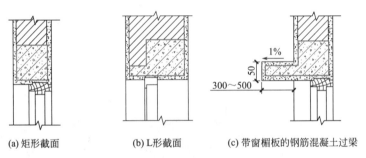

（a）矩形截面　　　　　（b）L形截面　　　　　（c）带窗楣板的钢筋混凝土过梁

图 3.2-27　钢筋混凝土过梁

【识读案例】图 3.2-28 所示是某工程门洞现浇钢筋混凝土过梁构造，从图中可知过梁的常见的梁高为 120mm、180mm、240mm 等，与门洞宽度有直接关系。过梁的宽度与墙厚相同，过梁两端伸入墙体的长度各 250mm。过梁的配筋根据洞宽来计算确定。

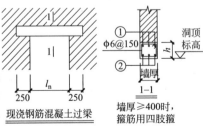

现浇钢筋混凝土过梁

墙厚≥400时，
箍筋用四肢箍

过梁选用表

洞宽l_n(mm)	h(mm)	①	②	③
$l_n \leqslant 1000$	120	2ϕ8	2ϕ8	ϕ6@200
$1000 < l_n \leqslant 1500$	120	2ϕ10	2ϕ8	ϕ6@150
$1500 < l_n \leqslant 2100$	180	2ϕ12	2ϕ8	ϕ6@150
$2100 < l_n \leqslant 2700$	180	2ϕ14	2ϕ10	ϕ6@150
$2700 < l_n \leqslant 3300$	240	3ϕ14	2ϕ10	ϕ6@150
$3300 < l_n \leqslant 4200$	300	3ϕ16	2ϕ12	ϕ6@150

注：过梁混凝土强度等级为C20。

图 3.2-28　某钢筋混凝土过梁构造

6. 圈梁及水平系梁

（1）圈梁

圈梁及
水平系梁

圈梁是沿建筑物外墙及部分内墙设置的连续水平闭合的梁。圈梁对建筑起到腰箍的作用，能增强建筑的空间刚度和整体性，防止由于地基不均匀沉降、振动引起的墙体开裂。在抗震设防地区，圈梁与构造柱一起形成空间骨架，可提高房屋的抗震能力，常用于砌体结构中。

圈梁在建筑中设置的道数应结合建筑的高度、层数、地基情况和抗震设防要求等综合考虑。单层建筑至少设置一道圈梁，多层建筑一般隔层设置一道圈梁。圈梁一般设置在檐口处和楼层处，在抗震设防地区，一般要求每层设置圈梁，如图 3.2-29 所示。

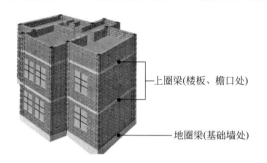
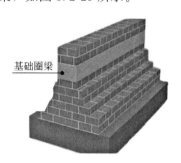

——上圈梁(楼板、檐口处)

——地圈梁(基础墙处)

基础圈梁

图 3.2-29 圈梁的设置位置

钢筋混凝土圈梁的高度应与砖的皮数相匹配，以方便墙体的连续砌筑，一般不小于 120mm，圈梁的宽度宜与墙体的厚度相同，且不小 180mm。圈梁一般按构造要求配筋，通常纵向配筋不少于 $4\phi10$，且要对称布置，箍筋间距不大于 300mm，如图 3.2-30（a）所示。

当屋面板、楼板与窗洞上部的距离较小时，可以把圈梁下部局部加高兼作过梁，如图 3.2-30（b）所示。

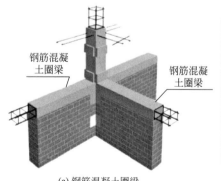

钢筋混凝土圈梁

钢筋混凝土圈梁

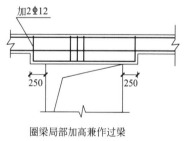

加2φ12

250   250

圈梁局部加高兼作过梁

(a) 钢筋混凝土圈梁

(b) 圈梁兼作过梁

图 3.2-30 圈梁构造

（2）水平系梁

水平系梁多用于框架或剪力墙结构中的填充墙体中，主要作用是提高墙体高度方向的稳定性。各种填充墙对水平系梁的设置要求通常为：当填充墙体高度超过 4m 时，宜在墙体半高处设置一道与墙同宽，且与两端柱连接的现浇钢筋混凝土梁，梁截面高度不小于 60mm，如图 3.2-31 所示。

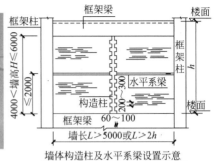

图 3.2-31 水平系梁

构造柱

7. 构造柱

构造柱是从构造角度考虑设置在墙身中的钢筋混凝土柱，不是框架受力柱。作用是与圈梁及墙体紧密连接，形成空间骨架，增强建筑物的整体刚度，提高墙体的应变能力，使墙体由脆性变为延性较好的结构，做到裂而不倒。其位置一般设在建筑物的四角、内外墙交接处、楼梯间和电梯间四角以及较长的墙体中部，较大洞口两侧，如图 3.2-32 所示。多层砖房构造柱的设置要求见表 3.2-2。

(a) 墙体中部　　　　　　　　　(b) 墙体端部　　　　　　　　　(c) 较大洞口两侧

(d) 内外墙交接处　　　　　　　　　　(e) 楼梯间

六、填充墙体

☑ 1. 填充墙沿框架柱(剪力墙)高每隔500配置2φ8墙体拉筋，拉筋入柱200，拉筋入墙长度：6、7度时≥(1/5的墙长，700)、9度时宜沿墙体全长设置。

☑ 2. 填充墙高度大于4m时，应在墙高度中部(一般结合门窗洞口上方过梁位置)设置通长的钢筋混凝土圈梁，截面为墙宽×300，纵筋4φ12，箍筋φ8@200。柱(混凝土墙)施工时预埋4φ12与圈梁纵筋焊接或搭接。圈梁遇过梁时，按截面和配筋较大者设置，圈梁转角处纵筋搭接按图十。

☑ 3. 填充墙(配合《建施图》)均匀设置构造柱，间距≤4.0m，具体位置现场定；且墙转角及门洞位置宜设构造柱；构造柱为墙厚×200，4φ12，φ8@200。详见图十一。

☑ 4. 女儿墙、阳台栏板设构造柱及压顶圈梁。构造柱间距不宜大于4.0m，构造柱为墙厚×180，4φ12，φ8@200，压顶圈梁为180×150，4φ10，φ8@200。

☑ 5. 除标注外，填充墙洞顶按图十二及下表设置钢筋混凝土过梁。

(f) 图纸中构造柱说明

图 3.2-32 构造柱位置

多层砖房构造柱的设置要求　　　　　　　　　　　表 3.2-2

房屋层数				设置部位
6度	7度	8度	9度	
四、五	三、四	二、三		楼、电梯间四角，楼梯斜梯段上下端对应的墙体处；对墙四角和对应转角；错层部位横墙与外纵墙交接处；大房间内外墙交接处；较大洞口两侧	隔12m或单元横墙与外纵墙交接处；楼梯间对应的另一侧内横墙与外纵墙交接处
六	五	四	二		隔开间横墙（轴线）与外墙交接处；山墙与内纵墙交接处
七	≥六	≥五	≥三		内墙（轴线）与外墙交接处；内墙的局部较小墙垛处；内纵墙与横墙（轴线）交接处

注：较大洞口，内墙指不小于 2.1m 的洞口；外墙与内外墙交接处已设置构造柱时应允许适当放宽，但洞测墙体应加强。

构造柱截面应不小于 180mm×240mm，主筋一般采用 4φ12，箍筋间距不大于 250mm 并在柱上下端适当加密。构造柱可不单独设置基础，钢筋锚入基础梁内。在施工时一般先完成构造柱钢筋绑扎，再砌两侧墙体，墙体砌成马牙槎的形式，从下部开始先退后进。墙与构造柱之间应沿墙高每隔 500mm 设 2φ6 钢筋连结，每边伸入墙内不少于 1m，墙体砌筑完成后再进行构造柱混凝土浇筑，如图 3.2-33 所示。

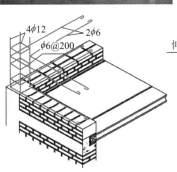

(a) 墙体中部构造柱　　　　　　(b) 墙体转角处构造柱　　　　　　(c) 墙体丁字处构造柱

图 3.2-33　构造柱构造（一）

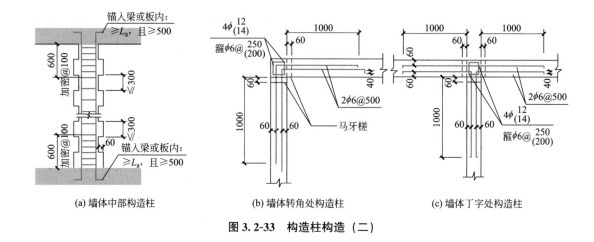

(a) 墙体中部构造柱　　　　(b) 墙体转角处构造柱　　　　(c) 墙体丁字处构造柱

图 3.2-33　构造柱构造（二）

任务 3.3　认识隔墙、隔断与幕墙

导读：在钢筋混凝土结构中，竖向受力构件是钢筋混凝土柱或剪力墙，墙体只是起到围护和分隔空间的作用。为了减轻自重，增加室内空间层次感，提高工业化生产效率，可采用多种墙体类型。

3.3.1　隔墙

隔墙是分隔建筑物内部空间的非承重内墙。为了减轻自重，增加建筑的有效使用面积，以及满足建筑物的室内空间重新划分等需求，要求隔墙材质质量轻、厚度薄、便于安装与拆卸。结合房间不同的使用要求，如厨房、卫生间等，隔墙还应具备防火、防潮、防水、隔声等性能。

隔墙根据其材料和施工方式不同，可以分成砌筑隔墙、立筋隔墙和板材隔墙，如图 3.3-1 所示。

(a) 砌筑隔墙　　　　　　　(b) 立筋隔墙　　　　　　　(c) 板材隔墙

图 3.3-1　隔墙

1. 砌筑隔墙

砌筑隔墙是指利用普通砖、多孔砖、空心砌块以及各种轻质砌块等砌筑的墙体。如图 3.3-2 所示。

砌筑隔墙

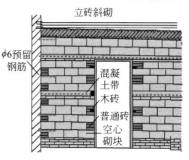

图 3.3-2 砌筑隔墙

砌筑隔墙细节做法：①为了增强填充墙与结构受力骨架之间的连接，在框架柱高度方向每隔 500～600mm 设 2ϕ6 拉筋，拉筋伸入墙内，如图 3.3-3（a）所示。②为避免梁受力后变形对墙体产生挤压，导致墙体开裂，隔墙顶部采用斜砌立砖一皮。施工时当墙体砌筑到离梁底 200mm 左右便停止施工，停留几天后待墙体完成自沉降后，再立砖斜砌封堵梁

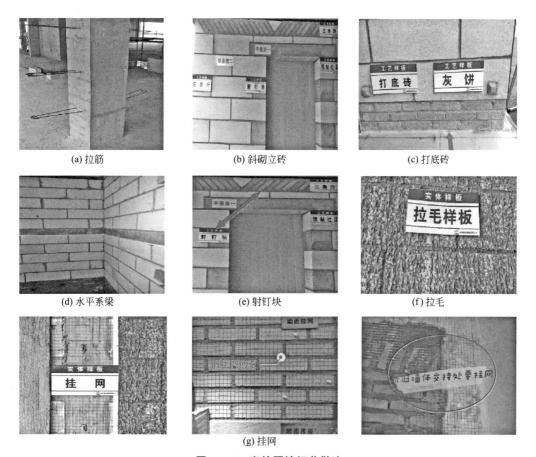

(a) 拉筋　　　　　(b) 斜砌立砖　　　　　(c) 打底砖

(d) 水平系梁　　　　　(e) 射钉块　　　　　(f) 拉毛

(g) 挂网

图 3.3-3 砌筑隔墙细节做法

底,如图 3.3-3(b)所示。③砌块的强度不高,吸湿性大,为了提高墙体的防撞击、防潮等性能,一般在隔墙底部砌筑不少于 200mm 高的打底实心砖,如图 3.3-3(c)所示。④当墙体过高超过 4m 时,要在墙体中部或者门窗洞口顶部(兼作过梁)设置一道水平系梁,如图 3.3-3(d)所示。⑤根据门窗洞口尺寸预埋混凝土预制块,这种预制块也称为射钉块,作用是可将射钉打入,对门窗起紧固连接作用,如图 3.3-3(e)所示。⑥为了提升水泥砂浆与墙面基层的粘合力,一般用水泥素浆对墙体进行拉毛处理,增加墙面基层的粗糙度,如图 3.3-3(f)所示。⑦钢筋混凝土梁、柱与墙体材料热胀冷缩性能不同,为了防止温度变化导致不同材料交接处抹灰面的开裂,一般在墙体抹灰前,在混凝土柱、梁与墙体交接处每边长度应满足至少 100mm 宽的钢丝网,简称挂网,对于一些有特殊要求的房间,需要对墙体进行满墙挂网,如图 3.3-3(g)所示。

2. 立筋隔墙

立筋隔墙、板材隔墙

立筋隔墙又称为骨架式隔墙,是指在隔墙龙骨两侧安装墙面板材形成墙体的轻质隔墙。这类隔墙主要由龙骨作为受力骨架固定于建筑主体结构上。当对隔声或保温要求较高时,可通过在两层面板之间的龙骨骨架层中填充隔声、保温材料,或设置空气层,以增强隔声、保温效果。立筋隔墙由骨架和面板两部分组成,常用的骨架有木材、铝合金或薄壁型钢,常用的面板有板条抹灰、钢丝网抹灰、纸面石膏板、纤维板、吸声板等,如图 3.3-4 和图 3.3-5 所示。

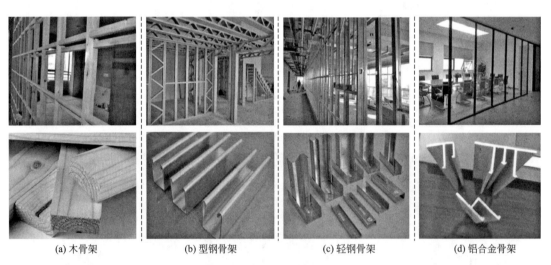

(a) 木骨架   (b) 型钢骨架   (c) 轻钢骨架   (d) 铝合金骨架

图 3.3-4 立筋骨架

隔墙的施工工艺流程(以轻钢龙骨石膏板为例):弹线→固定顶、沿地龙骨→安装竖向龙骨→安装门窗龙骨→安装穿心龙骨→电气铺管、附墙设备→安装一侧罩面板→填充隔声材料→安装另一侧罩面板,如图 3.3-6 所示。

3. 板材隔墙

板材隔墙是指用各种轻质材料制成的薄型板材安装而成的隔墙。常见的板材有加气混凝土条板、石膏空心条板、炭化石灰板、石膏珍珠岩板等。这种隔墙具有自重轻,施工速度快,工业化程度高,防火性能好等特点,如图 3.3-7 所示。

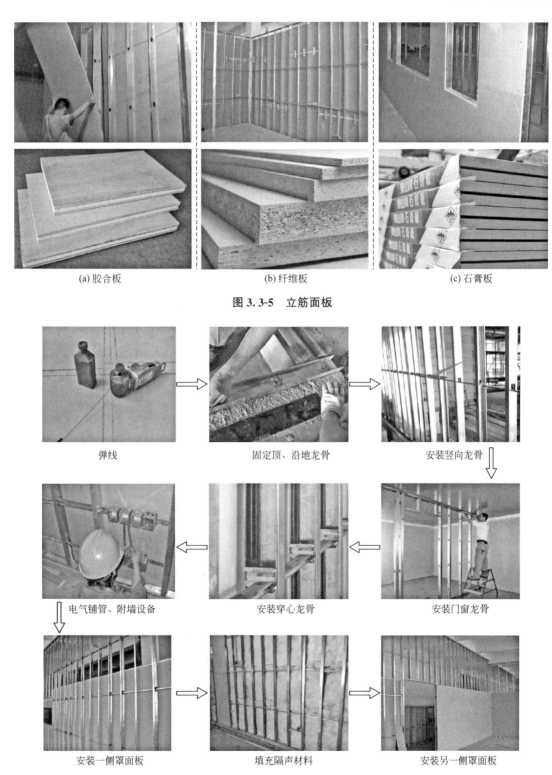

(a) 胶合板 (b) 纤维板 (c) 石膏板

图 3.3-5 立筋面板

弹线 固定顶、沿地龙骨 安装竖向龙骨

电气铺管、附墙设备 安装穿心龙骨 安装门窗龙骨

安装一侧罩面板 填充隔声材料 安装另一侧罩面板

图 3.3-6 隔墙主要施工流程

图 3.3-7　板材隔墙

板材隔墙施工工艺流程：楼面、顶棚清理找平→墙位放线→配板→配置胶结材料→安装固定卡→安装门窗框→安装隔墙板材、机电配合安装，板缝处理。部分流程如图 3.3-8 所示。

墙线定位　　　　　上下木楔临时固定　　　　　平整度校正　　　　　垂直度校正

墙板固定　　　　墙板底部填塞混凝土　　　　墙板拼缝填补　　　经过两次补缝后的成品

图 3.3-8　板材隔墙部分施工流程

3.3.2　隔断

为了打破固有格局，区分不同使用功能的空间，使空间环境富于变化、实现空间之间的相互交流，一般采用如屏风、展示架、酒柜等隔断对空间进行分隔。如图 3.3-9 所示。

(a) 木质隔断　　　　　　　(b) 屏风隔断　　　　　　　(c) 客厅隔断

图 3.3-9　各种隔断

隔断分类方法很多：①按材料可分为钢质隔断、玻璃隔断、铝合金隔断、木质隔断；②按用途可分为办公隔断、卫生间隔断、客厅隔断、橱窗隔断；③按形状可分为高隔断、中隔断；④按可移动性可分为固定隔断、移动隔断。

3.3.3 幕墙

幕墙是建筑的外围护构件，是现代大型和高层建筑常用的带有装饰效果的轻质墙体。幕墙悬挂于骨架结构上，承受着风荷载，并通过连接固定体系将其自重和风荷载传递给骨架结构。幕墙按材料分玻璃幕墙、金属幕墙和石材幕墙等类型，如图 3.3-10 所示。

幕墙

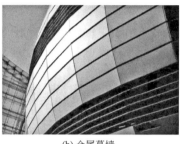

(a) 玻璃幕墙　　　　　　　(b) 金属幕墙　　　　　　　(c) 石材幕墙

图 3.3-10　各种幕墙

玻璃幕墙是当代采用最广泛的外部墙体，它赋予建筑的最大特点是将建筑美学、建筑功能、建筑节能和建筑结构等因素有机地统一起来，建筑物从不同角度呈现出不同的色调，随阳光、月色、灯光的变化给人以动态的美。

（1）明框玻璃幕墙

明框玻璃幕墙是金属框架构件显露在外表面的玻璃幕墙。它以特殊断面的金属型材为框架，玻璃面板嵌入金属型材的凹槽内。其特点在于金属型材本身兼有骨架结构和固定玻璃的双重作用，如图 3.3-11 所示。

图 3.3-11　明框玻璃幕墙

（2）隐框玻璃幕墙

隐框玻璃幕墙是金属框架构件不显露在外表面的玻璃幕墙。隐框玻璃幕墙的玻璃在铝框外侧，用硅酮结构密封胶把玻璃与铝框粘结。幕墙的荷载主要靠密封胶承受，如

图 3.3-12 所示。

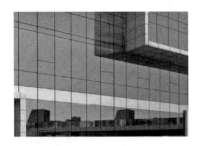

图 3.3-12 隐框玻璃幕墙

（3）全玻璃幕墙

全玻璃幕墙是由玻璃肋和玻璃面板构成的玻璃幕墙。多用于各类公共建筑首层采光部分，分格尺寸可以做很大，竖向与横向很少有缝隙，整体外观效果平整，透光性好，如图 3.3-13 所示。

图 3.3-13 全玻璃幕墙

（4）点式玻璃幕墙

点式玻璃幕墙是用金属骨架形成支撑受力体系，将四角开圆孔的玻璃用螺栓连接于钢爪件上。如图 3.3-14 所示。

图 3.3-14 点式玻璃幕墙

思维导图

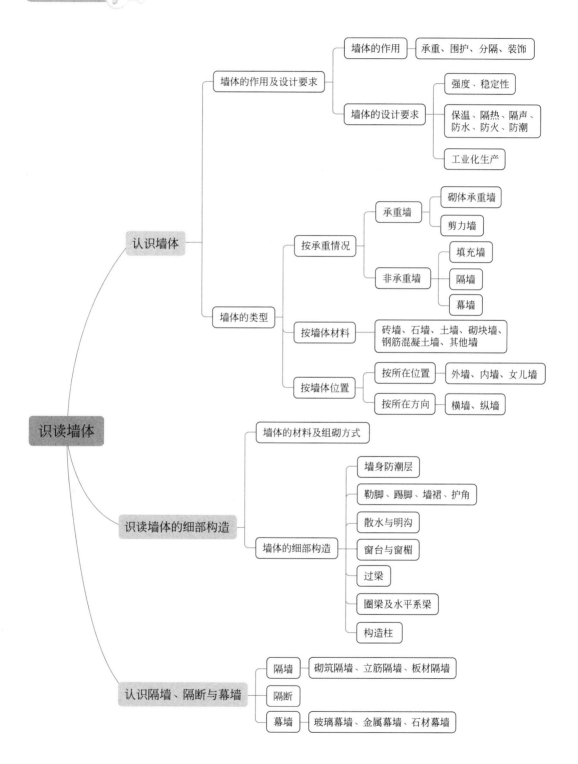

岗位任务 3 识读建筑施工图中的墙体

岗位任务
图纸

岗位任务：识读建筑施工中图关于墙体的做法，回答下列问题。

单选题

1. 三层平面图 C6 外窗台向外设（　　）的坡度。

A. 3%　　　　　　　B. 5%　　　　　　　C. 6%　　　　　　　D. 10%

2. 本工程要求伸出外墙的构件均需做滴水线，无大样时，采用（　　）。

A. 1：2 防水砂浆做 15×20 滴水线　　　B. 1：2 水泥砂浆做 15×20 滴水线

C. 1：2 防水砂浆做 10×20 滴水线　　　D. 1：2 水泥砂浆做 10×20 滴水线

3. 本工程 C10 窗台高为（　　）。

A. 900mm　　　　　B. 1000mm　　　　　C. 1200mm　　　　　D. 1500mm

4. 二层楼梯间墙砌块砌筑后（　　）。

A. 不需养护

B. 须养护不少于 3d

C. 须养护不少于 7d

D. 须养护不少于 15d

5. 三层平面图中③轴和Ⓔ轴相交位于主卧室处墙角（　　）。

A. 应做 1.5m 高的护腿

B. 应做 1.8m 高的阳角

C. 应做 1.5m 高的护角

D. 应做 1.8m 高的护角

6. 关于外墙装修，本工程采用了（　　）等做法。

A. 使用磨光花岗石，由供货方做样板

B. 使用青石，由供货方做样板

C. 使用磨光花岗石，由施工单位做样板

D. 使用青石，由施工单位做样板

7. 此住宅二层Ⓐ-Ⓖ立面外墙保温材料为（　　）。

A. 无机保温砂浆，难燃材料

B. 无机保温砂浆，不可燃材料

C. 墙体自保温，不可燃材料

D. 钢筋混凝土外保温，难燃材料

8. 临 C1 窗室内应设置（　　）。

A. 净高 1.0m 的防护栏杆

B. 净高 1.0m 的安全玻璃

C. 净高 0.9m 的防护栏杆

D. 净高 0.9m 的安全玻璃

9. 本工程关于散水的说法错误的是（　　）。

A. 散水宽 1.0m

B. 散水混凝土厚度 0.06m

C. 散水混凝土为 C10

D. 散水坡度为 4%

参考答案

项目 **4** 识读楼地面

 知识目标

1. 熟悉楼地面的作用和类型；
2. 掌握楼地面的细部构造做法；
3. 掌握卫生间、顶棚、阳台、雨篷的构造做法。

能力目标

1. 能够识读图纸中的楼板类型；
2. 能够识读图纸中的楼地面细部构造做法。

素质目标

1. 通过了解楼地面的设计要求，树立以人为本的设计理念；
2. 通过学习装配式楼面构造层次、施工工艺，培养与时俱进的创新意识。

 地平天成

原典：地平天成，六府三事允治，万世永赖，时乃功。

——【周】《尚书·大禹谟》

释义：水土平治，万物成长，六府三事真实办好，是万世永利的功勋。

解读：原指大禹治水成功而使天之生物得以有成，后常比喻一切安排妥帖。大禹治水不仅是中国古人战胜自然的神话，更是中华民族智慧和力量的象征。"锲而舍之，朽木不折，锲而不舍，金石可镂。"中华民族自古以来就崇尚坚韧不拔、越挫越勇的意志力和战斗力。作为新时代青年要发扬担当和斗争精神，以"破釜沉舟"的拼劲"地平天成"。

任务 4.1 认识楼地面

导读：楼地面包括楼面和地面，是水平方向分隔建筑空间的承重构件。楼面分隔上下楼层空间，地面分隔大地与建筑底层空间。楼面与地面所处位置不同，因而构造做法有所不同。

4.1.1 楼地面的作用及设计要求

1. 楼地面的作用

（1）承载作用：楼地面是建筑物中一个重要的组成部分，它承载着建筑物内部的家具、设备和人员等重量，能够有效地分散并传递这些荷载，保证建筑物的结构安全。

（2）防潮、防水作用：地面防潮可以有效防止地下潮气对建筑物的影响，楼面防水可以有效防止水分进入建筑物的内部，从而防止因渗漏引起的潮湿、发霉、损坏等问题。它可以保证建筑物的干燥和舒适度，从而保护建筑物的结构，延长建筑物的使用寿命。

（3）保温作用：保温隔热性能良好的楼地面可以减少建筑物内部的温度变化，有效降低能源消耗。

（4）装饰作用：通过不同的材料和设计手法对楼地面进行装饰，可以营造出各种不同的装饰效果，增加建筑物的美观度和舒适度。

2. 楼地面的设计要求

（1）满足强度和刚度的要求

楼地面在设计上需具有足够的强度来承受使用荷载，需具有足够的刚度来保证变形在允许范围内。

（2）满足隔声的要求

为了防止噪声影响人们的工作和生活，楼地面应具有一定的隔声能力。通常采取以下隔声措施：在楼板表面铺设地毯、橡胶、塑料毡等柔性吸声材料；在楼板与面层之间加弹性垫层以降低楼板的振动；在楼板下加设吊顶，使固体噪声不直接传入下层空间。

（3）满足防火、防潮、防水、热工等方面的要求

楼地面应具有一定的防火能力，以满足建筑物耐火等级要求。对于使用过程中经常有水出现的房间，如厨房、厕所、卫生间等楼地面应做防潮防水处理。对于有温度要求的房间楼地面，还应满足对应的热工要求。

（4）满足各种管线敷设的要求

为了美观，通常将各类线管和水管埋设或敷设于楼地面内，如图 4.1-1 所示。

(a) 线管的埋设

(b) 水管的敷设

图 4.1-1　楼地面线管、水管的埋设

4.1.2　楼地面的组成

1. 地面的组成

地面一般由面层、附加层、垫层、基层（素土夯实）等构造层次组成，如图 4.1-2 所示。

楼地面的构造层次

（1）面层：位于地面层的最上层，起着保护基层和传递荷载的作用，同时对室内起美化装饰作用。

（2）附加层：一般设置于面层和垫层之间，附加层通常有防水层、隔声层、隔热层、地暖层等。

（3）垫层：垫层是基层和面层之间的填充层，承受并传递荷载给基层，同时还起着隔声和找平作用。

（4）基层：地面基层一般为素土夯实层，承受垫层传来的荷载。

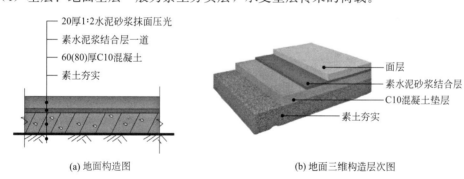

20厚1:2水泥砂浆抹面压光
素水泥浆结合层一道
60(80)厚C10混凝土
素土夯实

面层
素水泥砂浆结合层
C10混凝土垫层
素土夯实

(a) 地面构造图　　　　　　　　　　(b) 地面三维构造层次图

图 4.1-2　地面的组成

2. 楼面的组成

楼面一般由面层、附加层、结构层、顶棚等构造层次组成，如图 4.1-3 所示。

（1）面层：位于楼板层的最上层，起着保护结构层和传递荷载的作用，同时对室内起美化装饰作用。

（2）附加层：一般设置于面层和结构层之间，附加层通常有防水层、隔声层、隔热层、地暖层等，如图 4.1-4 所示。

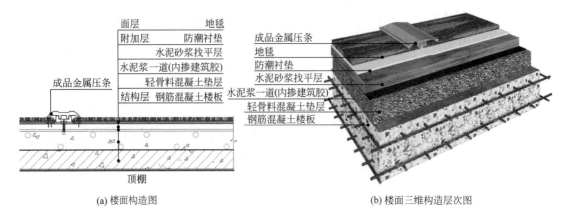

(a) 楼面构造图   (b) 楼面三维构造层次图

图 4.1-3 楼面的组成

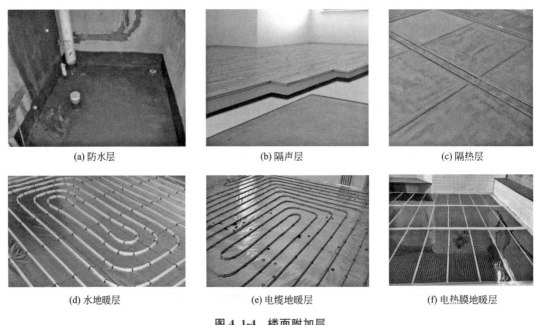

(a) 防水层   (b) 隔声层   (c) 隔热层

(d) 水地暖层   (e) 电缆地暖层   (f) 电热膜地暖层

图 4.1-4 楼面附加层

（3）结构层：主要功能是承受上部荷载，并将荷载传给墙或柱，同时还对墙身起水平支撑作用，以加强建筑物的整体刚度。

（4）顶棚：位于楼面的最下层，主要作用是保护楼板、安装灯具、遮挡各种管线，达到保温、隔声、装饰的效果。

4.1.3 楼板结构层的类型

楼板结构层根据使用的材料不同，分为木楼板、钢筋混凝土楼板等。

1. 木楼板

木楼板具有自重轻、保温隔热性能好、舒适、有弹性等优点，但耐火性和耐久性较差，且易变形、易虫蛀，造价高，目前较少采用，如图 4.1-5 所示。

图 4.1-5　木楼板

2. 钢筋混凝土楼板

钢筋混凝土楼板具有强度高，刚度大，耐火性、耐久性、可塑性好等优点，但自重大，施工周期较长，目前应用最为广泛，如图 4.1-6 所示。

图 4.1-6　钢筋混凝土楼板

任务 4.2　认识钢筋混凝土楼板

导读：钢筋混凝土楼板应用最为广泛，具有刚度大、造价低、易成型、耐火耐久等优点。根据施工方法不同，可分为现浇式、预制式和装配整体式，如图 4.2-1 所示。

(a) 现浇式　　　　　　　　(b) 预制式　　　　　　　　(c) 装配整体式

图 4.2-1　钢筋混凝土楼板按施工方法分类

4.2.1 现浇钢筋混凝土楼板

1. 梁板式楼板

梁板式楼板是由板和梁组成，板将荷载传递给周边的梁，梁作为板的支座。一般来说，四周梁围成的闭合区域为一块板。根据板的传力路径不同，有单向板和双向板之分。

两对边支承或单边支承的板均为单向板。对于四边支承的板，当长边与短边长度之比不大于 2 时，为双向板；当长边与短边长度之比不小于 3 时，为单向板计算；当长边与短边长度之比大于 2 小于 3 时，宜视作双向板，如图 4.2-2 所示。

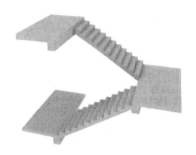

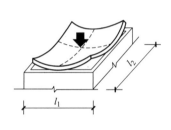

(a) 两对边支承的单向板(楼梯)   (b) 单边支承的单向板(雨篷)   (c) 四边支承的单、双向板

图 4.2-2　板的受力分类

通常来说，当梁支座为框架柱时就是框架梁（俗称主梁），当梁支座为框架梁时就是次梁。当两个方向的梁间距相同，并采用相同的截面，形成井字形梁，这种楼板称为井字楼板。井字楼板是梁板式楼板的一种特殊形式。由于其结构形式整齐，具有较强的装饰性，一般多用于平面尺寸较大且平面形状为正方形或近似于正方形的房间（如会议室、餐厅、礼堂等），如图 4.2-3 所示。

(a) 肋梁楼板   (b) 井字楼板

图 4.2-3　梁板式楼板

【识读案例】某学生宿舍二层结构布置图（局部）如图 4.2-4 所示。从图中可知该楼板为肋梁楼板，①轴框架梁 KL2、③轴框架梁 KL4 梁宽 300mm，高 650mm，Ⓛ轴框架梁 KL25、Ⓜ轴框架梁 KL26 梁宽 300mm，高 600mm，支座为框架柱。非框架梁 L33 梁宽

200mm，高 600mm，左右支座为 KL2、KL4。三块混凝土现浇板厚均为 100mm，长宽比大于 3，为四面支承的单向板。

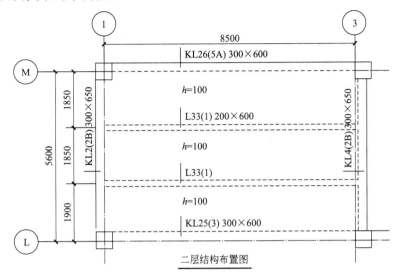

图 4.2-4 某学生宿舍二层结构布置图（局部）

【识读案例】某办公楼七层结构布置图（局部）如图 4.2-5 所示。从图中可知该楼板为井字楼板，⑤轴框架梁 KL7、⑥轴框架梁 KL23、Ⓓ轴框架梁 KL16、Ⓔ轴框架梁 KL18 梁宽 400mm，高 750mm，支座为框架柱。中间纵横向井字梁 L9、L28 梁宽 250mm，高 600mm。

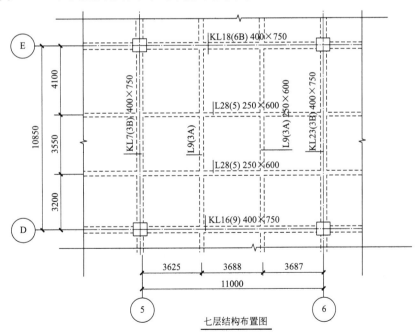

图 4.2-5 某办公楼七层结构布置图（局部）

2. 无梁楼板

无梁楼板是一种双向受力的板柱结构，是将楼板直接支承在柱子上，不设梁的楼板。

无梁楼板的板底平整，室内净空高度大，采光、通风条件好，便于采用工业化的施工方式，适用于楼面荷载较大的公共建筑（如商场、仓库、展览馆等）和多层工业厂房。

无梁楼板

根据柱顶构造不同分为有柱帽和无柱帽两种。当楼面荷载较小时，采用无柱帽的形式；当楼面荷载较大时，为提高板的局部承载能力、刚度和抗冲切能力，可以在柱顶设置柱帽和托板来减小板跨、增加柱对板的支托面积，如图4.2-6所示。无梁楼板的柱间距宜为6m，成方形布置。由于板的跨度较大，故板厚不宜小于150mm，一般为160～200mm。

(a) 变倾角柱帽　　　　　　　　(b) 倾角托板柱帽　　　　　　　　(c) 托板柱帽

图4.2-6　不同柱帽形式的无梁楼板

【识读案例】某商场柱帽大样如图4.2-7所示。从图中可知，该柱帽形状为矩形，实物见图4.2-6（c）。柱帽也称柱托板（TB），托板高度350mm（不包括混凝土板厚），托板平面尺寸有三种，分别为TB1（2800mm×2800mm）、TB2（3000mm×3000mm）、TB3（2400mm×2400mm）。以柱帽为中心，纵横向各设宽为1000mm的暗梁。

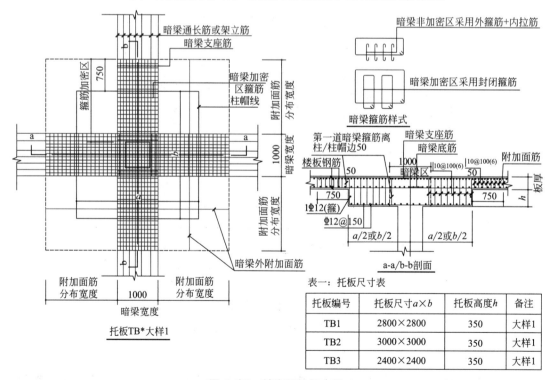

表一：托板尺寸表

托板编号	托板尺寸$a×b$	托板高度h	备注
TB1	2800×2800	350	大样1
TB2	3000×3000	350	大样1
TB3	2400×2400	350	大样1

图4.2-7　某商场柱帽大样

3. 空心楼板

为了减轻无梁楼板的自重，可将无梁楼板中部嵌入空心材料，形成空心楼板，如图 4.2-8 所示。空心楼板除具有无梁楼板的优点外，还具有自重轻，隔声、保温、隔热等优点，适用于大跨度和大空间的多层和高层建筑。如图书馆、展览馆、车站、多层停车场等大中型公共建筑和工业厂房、仓库等。

(a) 芯模

(b) 放置芯模

(c) 浇筑混凝土

图 4.2-8　无梁空心楼板

【识读案例】某公共建筑的空心楼板芯模布置局部如图 4.2-9 所示，从二层芯模布置图中可知，芯模顺管方向沿水平放置，芯模直径均为 250mm，局部芯模为非标准长度。根

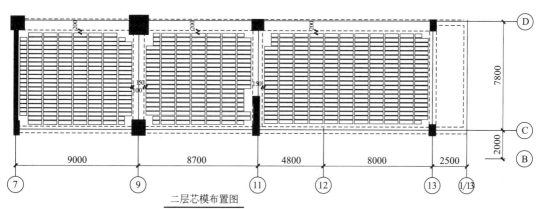

二层芯模布置图

芯模直径均为250mm，非标准长度已在图中标出

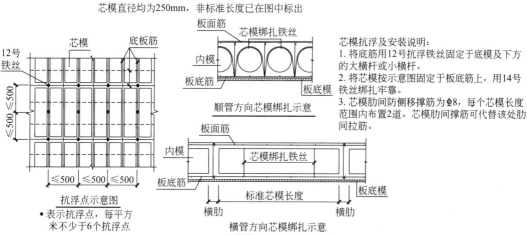

抗浮点示意图
· 表示抗浮点，每平方米不少于6个抗浮点

顺管方向芯模绑扎示意

横管方向芯模绑扎示意

芯模抗浮及安装说明：
1. 将底筋用12号抗浮铁丝固定于底模及下方的大横杆或小横杆上。
2. 将芯模按示意图固定于板底筋上，用14号铁丝绑扎牢靠。
3. 芯模肋间防侧移撑筋为Φ8，每个芯模长度范围内布置2道。芯模肋间撑筋可代替该处肋间拉筋。

图 4.2-9　某公共建筑空心楼板芯模布置图（局部）（一）

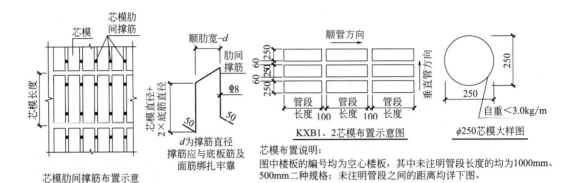

图 4.2-9　某公共建筑空心楼板芯模布置图（局部）（二）

据顺管、横管方向芯模绑扎示意图可知，芯模固定于板底筋上，用 14 号铁丝绑扎牢靠。芯模肋间设 $\phi8$ 撑筋防侧移，每个芯模长度范围内布置 2 道。从抗浮点示意图中可知，用 12 号抗浮铁丝将底筋固定于底模，间距≤500mm。从芯模布置示意图中可知道，顺管方向芯模间距 100mm，垂直管方向芯模间距 60mm。

4. 压型钢板组合楼板

压型钢板组合楼板是利用凹凸相间的压型薄钢板做衬板，与现浇混凝土浇筑在一起，支承在钢梁上构成的整体型楼板。压型钢板不仅作为楼板的永久性模板，还与板底钢筋共同受力，如图 4.2-10 所示。

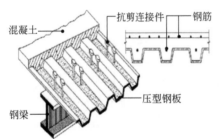

图 4.2-10　压型钢板组合楼板

压型钢板组合楼板简化了施工工序，加快了施工进度，并且具有较强的承载力、刚度和整体稳定性，但耗钢量较大，适用于多、高层框架或框剪结构的公共建筑中。

【识读案例】某工程宴会厅楼板采用压型钢板组合楼板，如图 4.2-11 所示。从工程概况可知压型钢板的型号采用缩口板，最小屈服强度为 $300N/mm^2$，维修年限不少于 50 年，满足适用期不致锈蚀要求，肋高 50mm，板厚不小于 0.75mm。

从说明中可知组合楼板厚度均为 150mm，钢承板均为 0.75mm 厚 YX51-155-620 缩口压型钢板。在钢板排版图及材料表中可知 1-1 钢板排布于 YA～YB 轴交 Y1 轴图示框内，每块板长度 2550mm，共 9 块。2-1～2-10 钢板排布于 Y2 轴左侧图示框内，每块板长度不等，具体长度详见材料表。

(一) 工程概况

某宴会厅工程，结构高约30m，钢结构总量约为2500t，钢结构深化设计的主要包括：主体钢结构节点设计、审核加工图与深化设计节点图的一致性、与其他各专业之间设计配合。钢结构技术文件要求，本工程宴会厅地上结构楼板采用压型钢板组合楼板，压型钢板的型号采用缩口板(双面镀铝锌总量为275g/m²，含5%锌)，最小屈服强度为300N/mm²维修年限不少于50年，满足适用期不致锈蚀要求。肋高50mm，板厚不小于0.75mm。

(二) 设计要求

压型钢板-组合楼板在板底无防护状态下要求如下：
耐火极限须由消防部门指定的国家级检验单位通过。压型钢板的截面应保证在图纸指定的楼板厚度下钢板顶面之上的混凝土覆盖层不小于65mm。钢板本身要有足够强度以支持3m设计净跨度(跨中无临时支柱)。当跨度大于3m时，承包商需在钢板跨中加设临时支柱。
在建造期间的使用荷载下(即包括压型钢板的重量及未成形的混凝土的重量)，压型钢板的挠度不能超过以下限度：
(1) L/180(≤20mm)当不考虑附加混凝土重量的影响。
(2) L/130(≤30mm)当考虑附加混凝土重量的影响(由于压型钢板变形，混凝土重量将增加)。L为压型钢板的有效跨度。

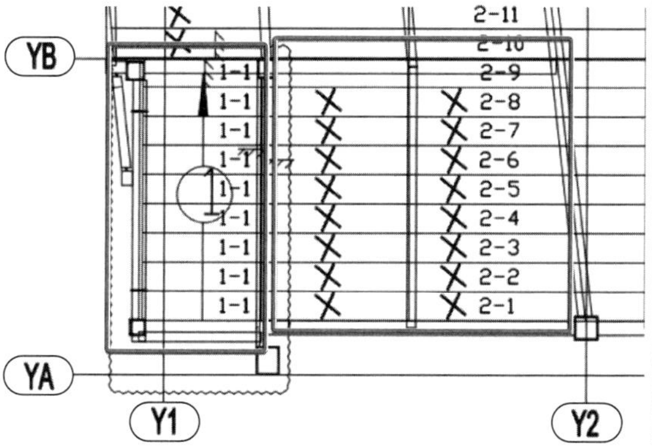

F6层压型钢板排版图(局部)

六层压型钢板材料表

区域	板子型号	板子编号	长度(mm)	块数	面积(m²)
1	0.75mm YX51-155-620	1-1	2550	9	14.23
2	0.75mm YX51-155-620	2-1	7083	1	4.39
		2-2	7010	1	4.35
		2-3	6938	1	4.30
		2-4	6866	1	4.26
		2-5	6794	1	4.21
		2-6	6721	1	4.17
		2-7	6650	1	4.12
		2-8	6578	1	4.08
		2-9	6506	1	4.03
		2-10	9713	1	6.02
		2-11	9693	1	6.01

F6层压型钢板材料表(部分)

说明：

1. 除注明外，本楼层组合楼板厚度均为150mm，钢承板均为0.75mm厚YX51-155-620缩口压型钢板；
2. 图中未作说明处，压型钢板搭在钢梁上中心线；
3. 禁止压型钢板上堆料；
4. 尽量在钢梁处下料，由工人均匀布料；
5. 对混凝土浇筑人员进行交底，并由钢结构专人进行监控；
6. "Ⅹ"表示单片压型钢板跨度超过3m，需在下部设置回顶钢管架支撑。

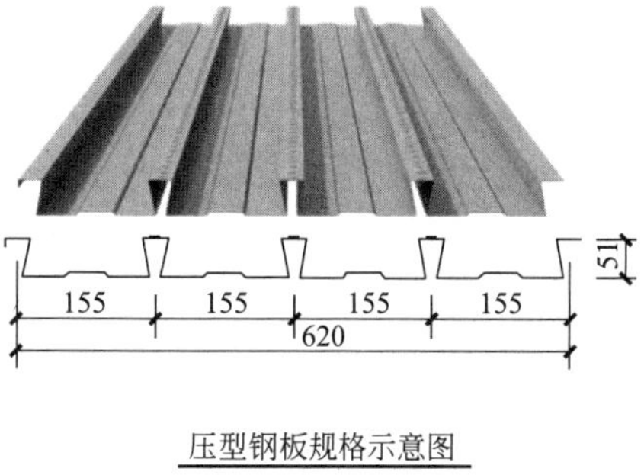

YX51-155-620缩口压型钢板

压型钢板规格示意图

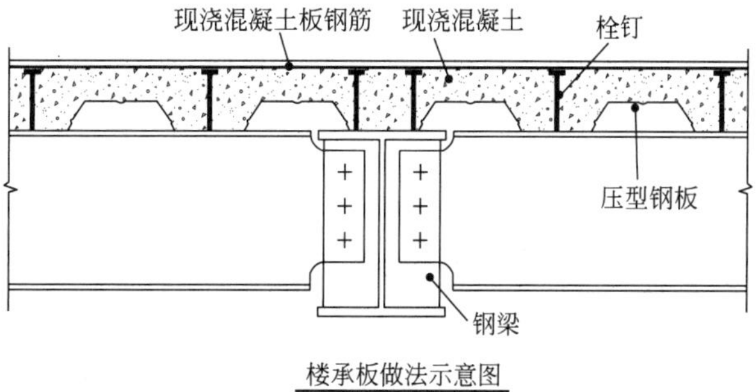

楼承板做法示意图

图 4.2-11　某工程宴会厅 F6 压型钢板组合楼板结构图

4.2.2 预制钢筋混凝土楼板

预制钢筋混凝土楼板是在构件预制加工厂或施工现场外预先制作，然后运到工地现场进行安装的钢筋混凝土楼板。这种楼板可节约模板、减少现场施工工序、缩短工期、提高施工工业化的水平，但由于其整体性能差，所以近年来应用逐渐减少。常用的预制钢筋混凝土楼板根据其截面形式可分为实心半板、槽形板和空心板三种类型，如图 4.2-12 所示。

 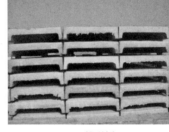 

(a) 实心平板   (b) 槽形板   (c) 空心板

图 4.2-12　预制钢筋混凝土楼板

4.2.3 装配整体式钢筋混凝土楼板

装配整体式
式钢筋混
凝土楼板

装配整体式钢筋混凝土楼板是预制薄板与上层现浇混凝土面层叠合而成的楼板，又称为叠合式楼板。叠合式楼板的预制钢筋混凝土薄板既是永久性模板承受施工荷载，也是整个楼板结构的一个组成部分。

装配整体式钢筋混凝土楼板具有整体性好、施工速度快、省模板等优点，如图 4.2-13 所示。

(a) 预制薄板吊装   (b) 梁钢筋绑扎、水电管线预埋

图 4.2-13　装配整体式钢筋混凝土楼板施工工序（一）

(c) 上层现浇板钢筋绑扎

(d) 混凝土浇筑

图 4.2-13　装配整体式钢筋混凝土楼板施工工序（二）

预制薄板上表面露出较规则的三角形结合钢筋称为桁架钢筋，它由上弦钢筋、下弦钢筋、腹杆钢筋组成。预制薄板厚度一般为 50～70mm，叠合后板的总厚度一般为 130～150mm，如图 4.2-14 所示。

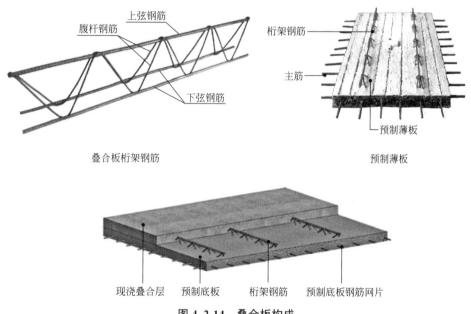

图 4.2-14　叠合板构成

【识读案例】某住宅采用装配整体式钢筋混凝土叠合楼板，叠合楼板深化设计图如图 4.2-15 所示。从预制板深化设计图中知②轴～⑬轴交Ⓑ～Ⓒ轴区域的叠合楼板由两块预制板加上层现浇混凝土板构成。PCB1L 和 PCB2L 两块预制板厚均为 60mm，预制尺寸3020mm×1460mm，各设 3 组桁架筋（编号 D84）及 4 组 φ14 吊装用钢筋（编号 U19）。PCB1L 和 PCB2L 间后浇带宽 310mm。从预制板深化设计图中知叠合板上层现浇层厚70mm，混凝土强度等级 C30～C35。

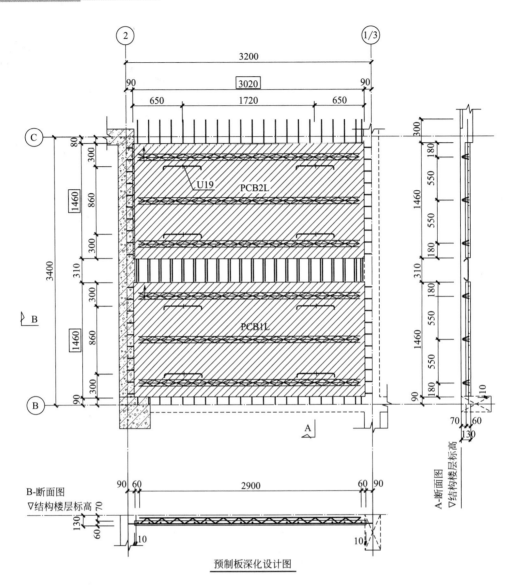

预制板深化设计图

预埋件一览表(PCB1L)				
编号	功能	图例	数量	规格
U19	吊装、脱模用	⌐⌐	4	φ14
D84	桁架筋	∧	3	H=84 L=2900
	电气接线盒	⊠	**	86型 深100

预埋件一览表(PCB2L)				
编号	功能	图例	数量	规格
U19	吊装、脱模用	⌐⌐	4	φ14
D84	桁架筋	∧	3	H=84 L=2900
	电气接线盒	⊠	**	86型 深100

说明:
1. 材料:
   混凝土强度等级: 5.740～11.540m C35;
   14.440～75.340m C30;
   钢筋等级: Φ表示HRB400
2. 示例说明:
   ▨ 表示粗糙面(凹凸≥4mm)
   ⊢ 表示安装对位标志, 出厂前涂装
3. 叠合板: 60(预制)mm+70(现浇)mm
4. 表格中钢筋仅是设计长度(不考虑损耗及弯折误差),
   应以实际下料长度为准
5. 未特别注明的详见公共详图和总说明

图 4.2-15 某住宅叠合楼板深化设计图

认识楼地面面层构造

4.3.1　楼地面面层的概念

楼地面面层是楼地面的表层，即装饰层，是室内装饰施工的重要部位。楼地面面层与人、家具、设备等直接接触，承受各种物理化学作用，因此楼地面面层的构造设计和施工显得非常重要。面层需要具有足够的坚固性，不易破坏和磨损，表面平整、光洁、不起尘，易于清洁。根据建筑空间使用要求的不同，面层还需具有隔声、防潮、防水、防火、耐腐蚀等性能。

楼地面面层的类型

4.3.2　楼地面面层的分类

楼地面面层可分为整体类面层、板块类面层、卷材类面层、涂料类面层，如图 4.3-1 所示。

(a) 整体类面层　　　　(b) 板块类面层　　　　(c) 卷材类面层　　　　(d) 涂料类面层

图 4.3-1　楼地面面层类型

1. 整体类面层

整体类面层是一种传统做法的面层，应用较为广泛。主要包括水泥砂浆面层、细石混凝土面层、水磨石面层等现浇面层，其基层和垫层的做法相同，仅面层所用材料和施工方法有所区别。

（1）水泥砂浆面层

水泥砂浆面层是直接在垫层或结构层上施工的一种传统整体面层。一般有单层和双层两种做法。单层做法是：面层只抹一层 20～25mm 厚 1∶2.5 水泥砂浆；双层做法是：一层 10～20mm 厚 1∶3 水泥砂浆找平层，表面再抹 5～10mm 厚 1∶1.5 水泥砂浆。双层做法虽增加了工序，但不易开裂。

整体类面层

水泥砂浆面层属于低档次楼地面装修，通常用作对面层要求不高的房间或需要进行二次装饰的楼地面。水泥砂浆面层构造简单、造价低，但水泥砂浆面层不耐磨，表面易起灰，不易清洁。水泥砂浆面层施工过程如图 4.3-2 所示。

(a) 铺砂浆及找平

(b) 水泥砂浆压光

(c) 养护

图 4.3-2 水泥砂浆面层施工过程

【识读案例】某商住楼水泥砂浆楼地面构造做法如图 4.3-3 所示。

建筑构造用料选用表

层数	房间名称		楼地面
负二层	厨房	水泥砂浆楼地面(带防水层)	地-12b
	员工餐厅	水泥砂浆楼地面(不带防水层)	地-12a
	影厅	水泥砂浆楼地面(不带防水层)	地-12a
	影院设备间	水泥砂浆楼地面(不带防水层)	地-12a

建筑构造用料做法表

类别	名称	编号	构造厚度	构造做法	备注
楼地面	水泥砂浆楼地面(不带防水层)	楼-12a 地-12a		1. 面层：20mm厚DS M20干混地面砂浆； 2. 刷素水泥浆一遍(掺水重5%108胶)	风井、加压井、排烟井、电梯井、发电机房、人防通道、需二次装修的无水房间等 1. 燃烧性能等级A； 2. 根据建筑完成面标高与结构标高的差值调整，在1、2点之间增加C20细石混凝土垫层； 3. 需二次装修的无水房间不做第1、2点，完全毛坯
	水泥砂浆楼地面(带防水层)	楼-12b 地-12b		1. 面层：20mm厚DS M20干混地面砂浆； 2. 刷素水泥浆一遍(掺水重5%108胶)； 3. 防水层：2mm厚聚合物水泥基防水涂料，分三遍成活，遇墙上翻，沿墙上反至高出楼板完成面200mm，遇门洞反入梁面不少于50mm； 4. 最薄15mm厚DS M20干混地面砂浆找坡层，1‰坡向地漏阴角与阳角位置分别作R=50及R≥10的圆弧处理； 5. 素水泥浆一遍(掺水重5%108胶)	风机房、备用机房、水管井、需二次装修的有水房间 1. 燃烧性能等级A； 2. 根据建筑完成面标高与结构标高的差值调整，在1、2点之间增加C20细石混凝土垫层； 3. 需二次装修的有水房间(如卫生间)不做第1、2点

图 4.3-3 某商住楼水泥砂浆楼地面构造做法

从建筑构造用料选用表中可知负二层影厅楼地面做法编号为地-12a，从建筑构造用料做法表中可知地-12a为不带防水层的水泥砂浆楼地面。构造做法从下向上依次为：在地下室底板上刷素水泥浆一遍（掺水重5‰108胶），上刷 20mm 厚 DS M20 干混地面砂浆面层。

从建筑构造用料选用表中可知负二层厨房楼地面做法编号为地-12b，从建筑构造用料做法表中可知地-12b为带防水层的水泥砂浆楼地面。构造做法从下向上依次为：在地下室底板上刷素水泥浆一遍（掺水重 5％108 胶），设 15mm 厚 DS M20 干混地面砂浆找坡层，涂 2mm 厚聚合物水泥基防水涂料，刷素水泥浆一遍（掺水重 5％108 胶），上抹 20mm 厚 DS M20 干混地面砂浆面层。

（2）水磨石面层

水磨石面层是采用中等硬度石料的石屑与水泥拌和而成的一种整体面层。一般分两层施工，在刚性垫层或结构层上用 10～20mm 厚的 1∶3 水泥砂浆找平，面铺 10～15mm 厚 1∶1.5～1∶2 的水泥石屑浆，待达到一定承载力后加水，用磨石机磨光、打蜡即成。水磨石面层具有良好的耐磨性、耐久性、防水防火性，并具有质地美观、表面光洁、不起尘、易清洁等优点。

普通水磨石面层的水泥选用普通水泥，石子选用中等硬度的方解石、大理石、白云石屑等。如将普通水泥换成白水泥，并掺入不同颜料和彩色石屑做成各种彩色地面，则称之为彩色水磨石地面，但造价较普通水磨石高，如图 4.3-4 所示。

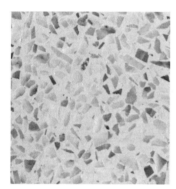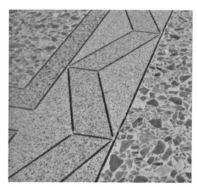

图 4.3-4　不同的水磨石面层

水磨石面层的主要施工工序为：贴分格条→铺水泥石渣面层→打磨机打磨→完成水磨石地面，如图 4.3-5 所示。

（a）贴分格条　　　　（b）铺水泥石渣面层　　　　（c）打磨机打磨　　　　（d）完成水磨石地面

图 4.3-5　水磨石面层施工工序

为适应楼地面变形可能引起的面层开裂，便于施工和维修，并保证水磨石地面的平整度，通常在做好找平层后，用嵌条（分隔条）将浇筑区域分成若干小块，尺寸为 1000mm 左右。分块形状可以设计成各种图案，以达到美观效果。

嵌条通常为玻璃、塑料或金属嵌条，如图 4.3-6 所示。嵌条高度同水磨石面层厚度，用 1∶1 水泥砂浆固定。嵌固砂浆不宜过高，否则会造成面层在嵌条两侧仅有水泥而无石子，影响美观。

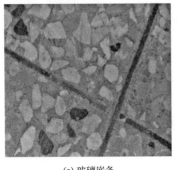
(a) 玻璃嵌条

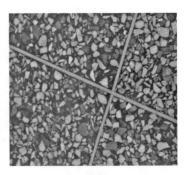
(b) 塑料嵌条

(c) 金属嵌条

图 4.3-6 嵌条类型

【识读案例】某商住楼水磨石楼面嵌条节点做法如图 4.3-7 所示。分隔条用素水泥浆与下层结合牢固，在分格条下部抹八字角，八字角的高度宜比分隔条顶面低 5mm。在距十字中心的四个方向各空出 20mm 不沾水泥砂浆的空间，以便石子能填入夹角内。

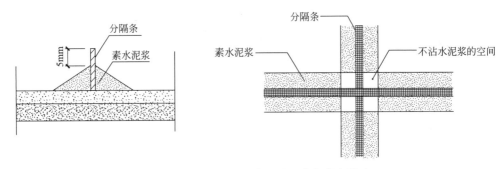

图 4.3-7 某商住楼水磨石楼面嵌条节点做法

2. 板块类面层

板块类面层是把面层材料加工成块（板）状，然后借助胶结材料粘贴或铺砌在结构层或找平层上。当无找平层时，胶结材料既起胶结作用又起找平作用。

常用胶结材料有水泥砂浆、沥青玛琋脂等。板块类面层种类丰富，有陶瓷类面层、石材类面层、木料面层等，如图 4.3-8 所示。

(a) 陶瓷类面层

(b) 石材类面层

(c) 木料面层

图 4.3-8 板块类面层

（1）陶瓷类面层

陶瓷类面层常用的类型有缸砖、瓷砖、陶瓷锦砖等，如图 4.3-9 所示。它们具有耐磨损、易清洁等优点，易铺砌在刚性和整体性较好的细石混凝土或混凝土预制板上。这一类材料都是用陶土或瓷土这两种不同性质的黏土为原料，经过配料、成型、干燥、焙烧等工艺流程制成。

(a) 缸砖

(b) 瓷砖

(c) 陶瓷锦砖

图 4.3-9　陶瓷类面层

【识读案例】某学生宿舍仿古砖楼面节点做法如图 4.3-10 所示，从构造做法表中可知该楼面从下至上的做法依次为：混凝土楼板上铺 3mm 厚聚氨酯橡胶隔声垫（上铺防水薄膜），35mm 厚干硬性水泥砂浆，5mm 厚纯水泥砂浆结合层，12mm 厚仿古砖面层。

面砖(二)

• 12mm厚仿古砖(长、宽尺寸详地面铺贴图)

• 5mm厚纯水泥浆结合层，水泥浆擦缝

• 35mm厚1:3干硬性水泥砂浆，面撒2mm厚素水泥(洒适量清水)

• 隔声垫(仅二至六层学生宿舍内设)
　3mm厚聚氨酯橡胶隔声垫(上层铺0.1～0.2mm防水薄膜)

• 混凝土楼板

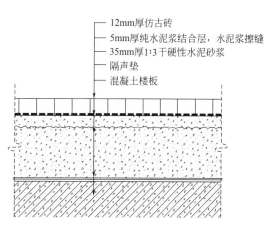

— 12mm厚仿古砖
— 5mm厚纯水泥浆结合层，水泥浆擦缝
— 35mm厚1:3干硬性水泥砂浆
— 隔声垫
— 混凝土楼板

图 4.3-10　某学生宿舍仿古砖楼面节点做法

（2）石材类面层

石材类面层常用的类型有花岗石板、大理石板，如图 4.3-11 所示。常规做法是将加工成块状的天然（或人工）大理石、花岗石铺贴在找平层上。天然大理石、花岗石属于高档楼地面装饰，一般用于装饰要求较高的公共建筑大堂地面或室外地面。

花岗石板、大理石板一般采用干铺法。其施工工序如下：在基层面刷一遍素水泥浆→铺干硬性水泥砂浆，并找平、压实→在石板背面均匀涂抹一层素水泥浆→铺贴块料面板，用橡皮锤敲打水平，如图 4.3-12 所示。

(a) 花岗石板

(b) 大理石板

图 4.3-11 石材类面层

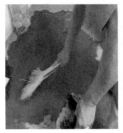
(a) 刷一遍素水泥

(b) 铺干硬性水泥砂浆

(c) 涂抹素水泥浆

(d) 铺贴块料面板

图 4.3-12 石材类面层施工工序

【识读案例】某商场大理石楼面节点做法如图 4.3-13 所示，从下至上的做法依次为：混凝土楼板上铺 30mm 厚 1∶3 干硬性水泥砂浆找平层，20mm 厚 1∶3 干硬性水泥砂浆粘结层，10mm 厚素水泥，石材面层。

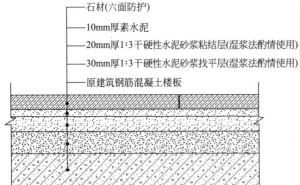

石材(六面防护)
10mm厚素水泥
20mm厚1:3干硬性水泥砂浆粘结层(湿浆法酌情使用)
30mm厚1:3干硬性水泥砂浆找平层(湿浆法酌情使用)
原建筑钢筋混凝土楼板

图 4.3-13 某商场大理石楼面节点做法

（3）木料面层

木料面层（也称木地板）是指用木材制成的楼地面面层，如图 4.3-14 所示。它具有弹性良好、不起灰、不返潮、易清洁、保温性好等优点，但耐火性差、易腐蚀，且造价高。一般用于装修标准较高的住宅、宾馆、体育馆、健身房、舞台等建筑物中。

图 4.3-14　木地板

木地板主要有铺钉式（有龙骨）和粘贴式（无龙骨）两种做法。

铺钉式木地板（有龙骨）主要施工工序为：安装木龙骨→铺防潮垫，防潮垫沿墙角向上留 100mm 左右→安装木地板，如图 4.3-15 所示。

(a) 安装木龙骨　　　　　　　　　　(b) 铺防潮垫　　　　　　　　　　(c) 安装木地板

图 4.3-15　铺钉式木地板（有龙骨）施工工序

粘贴式木地板（无龙骨）主要施工工序为：地面找平→铺防潮垫，防潮垫沿墙角向上留 100mm 左右→安装木地板，如图 4.3-16 所示。

(a) 地面找平　　　　　　　　　　(b) 铺防潮垫　　　　　　　　　　(c) 安装木地板

图 4.3-16　粘贴式木地板（无龙骨）施工工序

【识读案例】某商住楼实木地板（有龙骨）及复合木地板（无龙骨）节点做法如图 4.3-17 所示。实木地板（有龙骨）从下至上的做法依次为：混凝土楼板上刷界面剂一道，上铺设 40mm×50mm 木龙骨（防火、防腐处理），铺设双层 9mm 厚多层板（涂防火涂料），实木地板面层。

复合木地板（无龙骨）从下至上的做法依次为：混凝土楼板上刷界面剂一道，30mm 厚 1∶3 水泥砂浆找平层，水泥自流平，地板专用消声垫，企口型复合木地板面层。

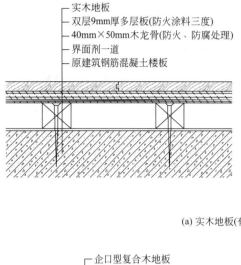

实木地板
双层9mm厚多层板(防火涂料三度)
40mm×50mm木龙骨(防火、防腐处理)
界面剂一道
原建筑钢筋混凝土楼板

实木地板
双层9mm厚多层板(防火涂料三度)
40mm×50mm木龙骨(防火、防腐处理)
界面剂一道
原建筑钢筋混凝土楼板

(a) 实木地板(有龙骨)节点做法

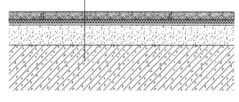

企口型复合木地板
地板专用消声垫
水泥自流平
30mm厚1:3水泥砂浆找平层
界面剂一道
原建筑钢筋混凝土楼板

企口型复合木地板
地板专用消声垫
水泥自流平
30mm厚1:3水泥砂浆找平层
界面剂一道
原建筑钢筋混凝土楼板

(b) 复合木地板(无龙骨)节点做法

图 4.3-17　某商住楼木地板节点做法

3. 卷材类面层

卷材类面层是指将卷材如塑料地毯、织物地毯、橡胶地毯等直接铺在平整的基层上,如图 4.3-18 所示。卷材类面层施工速度快,损坏时易于修补。织物地毯常用于居住建筑,塑料地毯、橡胶地毯常用于公共建筑。

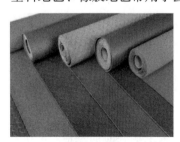

(a) 塑料地毯

(b) 织物地毯

(c) 橡胶地毯

图 4.3-18　卷材类面层类型

干铺法橡胶卷材面层主要施工工序为：预铺→切割、推平→熔接，如图 4.3-19 所示。

(a) 预铺　　　　　　　　　(b) 切割、推平　　　　　　　(c) 接缝处熔接密封

图 4.3-19　平铺法橡胶卷材面层施工工序

【识读案例】某商住楼卷材面层节点做法如图 4.3-20 所示。

塑料地面从下至上的做法依次为：20mm 厚水泥砂浆找平层，浇一层 3～5mm 厚的自流平，铺设 PVC 卷材面层。墙地相接部分填充水泥砂浆基层，顺水泥砂浆基层粘贴 100mm 高 PVC 成品地材踢脚线，PVC 地材踢脚线压地面 PVC。

地毯地面从下至上的做法依次为：楼板上刷界面剂一道，做 30mm 厚 1∶3 水泥砂浆找平层，水泥自流平，铺地毯专用胶垫，上铺地毯面层。

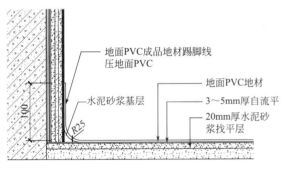

(a) 塑料地面节点做法

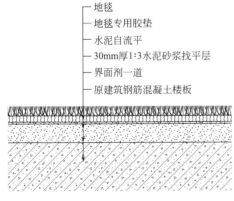

(b) 地毯地面节点做法

图 4.3-20　某商住楼卷材面层节点做法

4. 涂料类面层

涂料类面层是把涂料涂刷、喷洒在平整的基层面上，涂料固化后形成装饰面层。涂料地面的特点是无缝、易清洁、耐磨、抗冲击、耐酸碱等。常用于车库、生产车间、体育场所，如图 4.3-21 所示。

(a) 车库   (b) 生产车间   (c) 体育场所

图 4.3-21　涂料类面层

【识读案例】某学生宿舍采用无溶剂环氧涂料（防水）楼地面，构造做法表如图 4.3-22 所示。楼面做法从下至上依次为结构层、附加层、面层。地面做法从下至上依次为基层、垫层、附加层、面层。

	无溶剂环氧涂料(防水)楼面
面层	• 1~1.5mm厚无溶剂环氧面涂0.5~1mm厚无溶剂环氧腻子，强度达标后表面修补打磨 • 无溶剂环氧底漆一道
附加层	• 20mm厚1:2.5水泥基防水砂浆找坡平层 • 最薄30mm厚C15细石混凝土找坡层，找坡方向详平面 • 0.4mm厚塑料薄膜隔离层 • 2mm厚合成高分子防水涂料 • 20mm厚1:2.5水泥砂浆找平层
结构层	• 现浇钢筋混凝土楼板，板面纵横刷素水泥浆各一道

	无溶剂环氧涂料(防水)地面
面层	• 1~1.5mm厚无溶剂环氧面涂0.5~1mm厚无溶剂环氧腻子，强度达标后表面修补打磨 • 无溶剂环氧底漆一道
附加层	• 20mm厚1:2.5水泥基防水砂浆找坡平层 • 最薄30mm厚C15细石混凝土找坡层，找坡方向详平面 • 地下室结构底板 • 0.4mm厚塑料薄膜隔离层 • 1.5mm厚合成高分子防水卷材 • 20mm厚1:2.5水泥砂浆找平层
垫层	• 100mm厚C10混凝土垫层
基层	• 素土夯实

图 4.3-22　某学生宿舍涂料楼地面做法表

任务 4.4　识读楼地面细部构造

4.4.1　卫生间

卫生间的类型及构造做法

1. 下沉式卫生间

下沉式卫生间指的是在主体结构施工时，将卫生间楼板局部或整体下沉，一般比周边楼板层低 300~500mm，俗称"沉箱"。卫生间排水管道可以布置在其中，隔声效果好，便于安装卫浴洁具设备。下沉式卫生间主要施工工序为：安装管道，做防水→砌轻质砖→填充陶粒→布置钢筋网→浇灌水泥砂浆，并抹平→面层施工，洁具安装，如图 4.4-1 所示。卫生间装修中最为重要的是防水。完成后的下沉式卫生间楼地面标高比同楼层楼地面低 20～50mm。

(a) 安装管道，做防水　　　　　(b) 砌轻质砖　　　　　　(c) 填充陶粒

(d) 布置钢筋网　　　　　(e) 浇灌水泥砂浆，并抹平　　　　(f) 面层施工，洁具安装

图 4.4-1　下沉式卫生间施工工序

【识读案例】某公共建筑下沉式卫生间，如图 4.4-2 所示。从平面图可知，为了防止水外溢，卫生间建筑完成面比本层楼面标高 H 低 50mm，排水坡度为 1‰，排向大便器。从卫生间剖面大样图可知，结构板降板 350～400mm，具体尺寸见结构施工图。卫生间砖墙根部（除门洞位置外）做 250mm 素混凝土翻边，主要作用就是保护墙体，防止墙体遇水侵蚀；卫生间沉箱的防水构造做法从下向上依次为：在混凝土结构板上做 20mm 厚的 1∶2.5 水泥砂浆找平层，1.5mm 厚 SBS 改性沥青防水卷材防水层，150mm 厚轻骨料混凝土填充兼找坡层，20mm 厚 1∶2.5 水泥砂浆找平层，水泥基陶瓷墙地砖胶粘剂粘贴瓷砖面层。

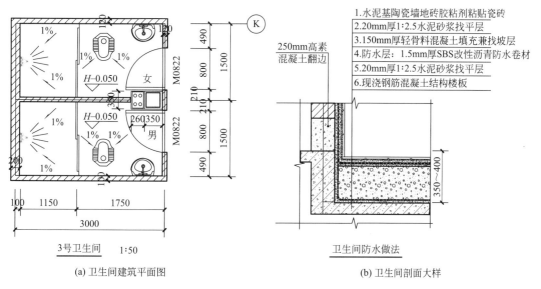

(a) 卫生间建筑平面图　　　　　　　　　　(b) 卫生间剖面大样

图 4.4-2　某公共建筑下沉式卫生间大样

2. 非下沉式卫生间

非下沉式卫生间是指卫生间地面不下沉，与其他房间地面基本齐平。非下沉式卫生间管道隔层排水，在楼板之下布置，管道外露不美观。非下沉式卫生间需砌 20～30cm 高地台，便于安装卫浴洁具，如图 4.4-3 所示。

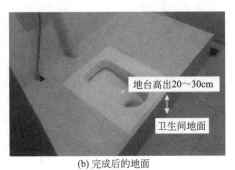

(a) 安装洁具　　　　　　　　　　(b) 完成后的地面

图 4.4-3　非下沉式卫生间

【识读案例】某教学行政楼非下沉式卫生间建筑大样如图 4.4-4 所示。从平面图可知，蹲便器地台完成面比本层地面标高 H 高 200mm，卫生间地面排水坡度为 1%，排向地漏。从蹲位大样中可知，从结构面上砌 200mm 高 M7.5 水泥砂浆红砖围成地台，地台内填充陶粒混凝土，上铺地台面层。

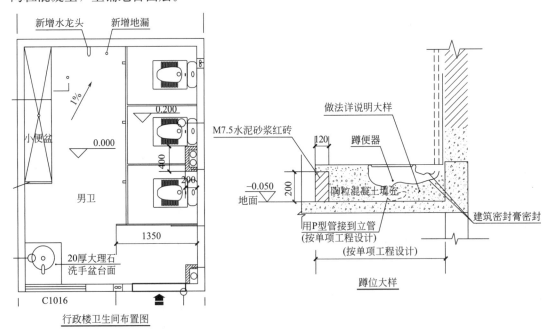

行政楼卫生间布置图

图 4.4-4　某教学行政楼非下沉式卫生间建筑大样

4.4.2　顶棚

顶棚是楼板最下面的构造层，俗称天花板，是室内装修的一部分，如图 4.4-5 所示。

顶棚有以下作用：增强室内装饰效果，给人以美的享受；满足管线敷设的需要；满足使用功能的要求，如隔声、隔热等。

顶棚的
类型及
构造做法

图 4.4-5 顶棚

顶棚按其饰面与基层的关系可分为直接式顶棚与悬吊式顶棚两大类，如图 4.4-6 所示。

(a) 直接式顶棚   (b) 悬吊式顶棚

图 4.4-6 顶棚分类

1. 直接式顶棚

直接式顶棚是直接在结构板下表面抹灰、喷浆或粘贴装修材料，如图 4.4-7 所示。这类顶棚构造简单，施工方便，具体做法和构造与内墙面的抹灰类、涂刷类、裱糊类基本相同，常用于装饰要求不高的一般建筑。

(a) 抹灰类顶棚   (b) 喷涂类顶棚

图 4.4-7 抹灰、喷涂类顶棚

贴面类顶棚如图 4.4-8 所示。当顶棚装饰标准较高，或有保温、隔热、隔声等特殊要求的，可以粘贴墙纸，或用胶粘剂把吸声板、泡沫塑料板等装饰材料粘贴在顶棚上。

图 4.4-8　贴面类顶棚

结构式顶棚通常利用楼盖或屋盖的结构构件作为顶棚装饰元素，其形式主要有网架结构、拱结构、悬索结构、井格式梁板结构等。常采用在结构构件表面直接喷涂、包裹等方法调节色彩和材质来达到装饰目的，如图 4.4-9 所示。当顶棚的结构形式造型较好，如网架结构、铝合金结构，其本身具有较好的艺术表现，可不再做顶棚，通过灯光配合可以获得很好的装饰效果。

图 4.4-9　结构式顶棚

2. 悬吊式顶棚

顶棚往往是管线、设备布置的重要区域，如灭火喷淋、供暖通风、电气照明等。为了获得较好的装饰效果，常通过悬吊式顶棚"遮盖"。悬吊式顶棚又称"吊顶"，如图 4.4-10（a）所示，它离开结构板下表面有一定的距离，通过吊筋和龙骨将吊顶与主体结构连接在一起。

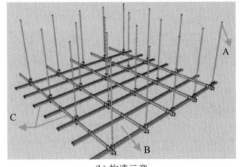

(a) 内部结构　　　　　　　　　　　(b) 构造示意

图 4.4-10　悬吊式顶棚

悬吊式顶棚的构造，如图 4.4-10（b）所示。A 为吊筋，吊筋是将吊顶面板与建筑结构连接起来的承重传力构件。吊筋的作用：①承担吊顶的全部荷载并将其传递给结构板；②调整、确定顶棚的空间高度，以适应顶棚的不同部位需要。B 为面板，根据使用要求选择不同材料面板。C 为龙骨，龙骨用于嵌固面板。根据龙骨材料的不同，吊顶可分为木龙骨吊顶、金属龙骨吊顶等，如图 4.4-11 所示。

(a) 木龙骨　　　　　　　　　　　　　(b) 金属龙骨

图 4.4-11　吊顶龙骨

根据面板的不同，悬吊式顶棚分为矿物板材顶棚和金属板材顶棚。

常见矿物板材有纸面石膏板、石膏板、矿棉板等，如图 4.4-12 所示。纸面石膏板规格较大，一般将整张纸面石膏板作为顶棚面板的基层；石膏板、矿棉板一般加工成小块，可直接作为顶棚面板使用。

(a) 纸面石膏板　　　　　　　　(b) 石膏板　　　　　　　　(c) 矿棉板

(d) 纸面石膏板吊顶　　　　　　(e) 石膏板吊顶　　　　　　(f) 矿棉板吊顶

图 4.4-12　矿物板材顶棚

金属板材有铝板、铝合金板、薄钢板等，如图 4.4-13 所示。板材形状可加工成正方形、长方形、条形等。金属板材质量轻，通常跟轻钢龙骨搭配使用，以"扣"的方式固定在龙骨上。

【识读案例】某办公室吊顶采用尺寸规格为 2400mm（长）×1200mm（宽）×9.5mm（厚）纸面石膏板，构造做法如图 4.4-14 所示。在楼板下安装主龙骨吊杆，吊点纵横向间

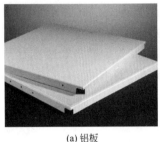

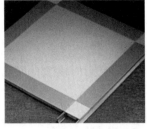

(a) 铝板   (b) 铝合金板   (c) 薄钢板

图 4.4-13 金属板材顶棚

距不大于 1200mm。通过吊件将主龙骨与吊杆连接，图中水平方向主龙骨（粗虚线）间距不大于 1200mm。采用挂件将纵横次龙骨固定于主龙骨下，纵撑次龙骨间距 400mm，横撑龙骨间距不大于 1200mm。用自攻螺丝将纸面石膏板钉于次龙骨下。

吊杆及主次龙骨材质选择如下：

上人龙骨做法：采用 $\phi8$ 钢筋（M8 全牙吊杆）＋C60 主龙骨（C60×27×1.2）＋C50 副龙骨（C50×20×0.6）。主龙骨 C60×27×1.2 表示 C 型轻钢龙骨，断面尺寸为高度 60mm，宽度 27mm，壁厚 1.2mm。

不上人龙骨做法：采用 $\phi6$、$\phi8$ 钢筋（M6、M8 全牙吊杆）＋C38 主龙骨（C38×12×1.0）/C50 主龙骨（C50×20×0.6）＋C50 副龙骨（C50×20×0.6）。

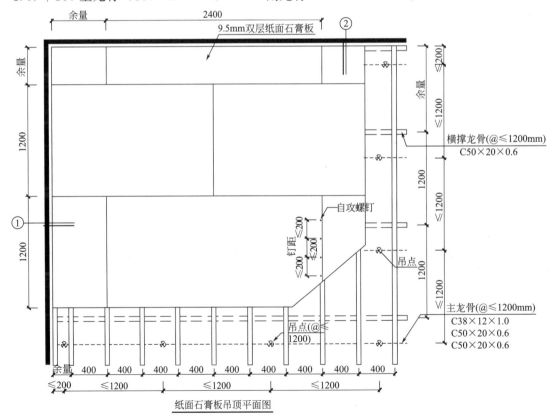

纸面石膏板吊顶平面图

图 4.4-14 某办公室吊顶构造做法（一）

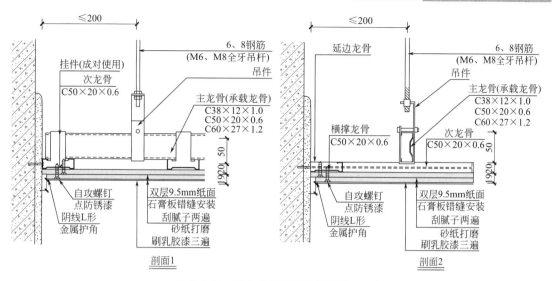

图 4.4-14　某办公室吊顶构造做法（二）

4.4.3　阳台

阳台是建筑物室内的延伸，给居住人员提供一个室外活动与休息的空间，是住宅中不可缺少的一部分。阳台按其与外墙面的关系分为凸阳台、凹阳台、半凸半凹阳台，如图 4.4-15 所示。

(a) 凸阳台

(b) 凹阳台

(c) 半凸半凹阳台

图 4.4-15　按外立面划分

按使用功能不同又可分为生活阳台和服务阳台。生活阳台即靠近卧室或客厅的阳台，如图 4.4-16（a）所示。服务阳台即靠近厨房的阳台，如图 4.4-16（b）所示。

阳台由承重结构（梁、板）和栏杆组成，如图 4.4-17 所示。阳台的结构及构造设计应满足以下要求：

（1）安全适用。悬挑阳台的挑出长度不宜过大，以 1.2~1.8m 为宜。低层、多层住宅阳台栏杆净高不应低于 1.05m，中高层、高层住宅阳台栏杆净高不应低于 1.1m。阳台垂直栏杆间净距不应大于 0.11m，以防止儿童钻出。栏板、栏杆的主要作用是保证安全，防止失足坠落。栏板可用砖块砌筑、混凝土浇筑，现代建筑一般用钢化玻璃。

(a) 生活阳台   (b) 服务阳台

图 4.4-16　按使用功能划分

阳台的
类型及
构造做法

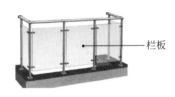

图 4.4-17　阳台构造组成

【识读案例】某学生宿舍外廊栏杆节点做法如图 4.4-18 所示。栏杆采用□70×10 实心钢立杆，栏杆间净距 110mm，净高 1230mm，栏杆与楼板中的预埋件焊接。扶手采用□70×20×5 空心方钢管，与栏杆焊接。

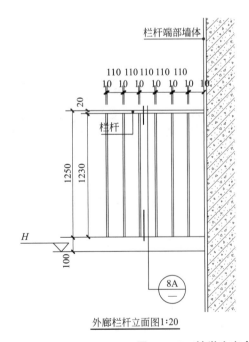

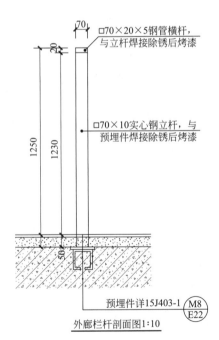

外廊栏杆立面图 1:20   外廊栏杆剖面图 1:10

图 4.4-18　某学生宿舍外廊栏杆节点做法

（2）坚固耐久。阳台所用材料和构造措施应经久耐用，承重结构宜采用钢筋混凝土，金属构件应做防锈处理，表面装修应注意色彩的耐久性和抗污染性。

（3）排水顺畅。阳台地面比室内地面低 30～50mm，地面设 1％～2％的排水坡度，坡向着排水孔或地漏，如图 4.4-19 所示。现代建筑一般采用有组织排水，即阳台积水通过地漏收集后进入雨水排水管道系统排出。

图 4.4-19　阳台有组织排水

4.4.4　雨篷

雨篷位于建筑物出入口的上方，用来遮挡雨雪，给人们提供一个从室外到室内的过渡空间，并起到保护门和丰富建筑立面的作用。根据使用材料可分为钢筋混凝土雨篷和钢结构雨篷。

1. 钢筋混凝土雨篷

钢筋混凝土雨篷根据支承方式的不同，有悬板式和梁板式两种，如图 4.4-20 所示。

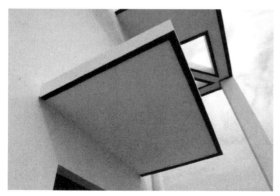

(a) 悬板式　　　　　　　　　　　(b) 梁板式

图 4.4-20　雨篷的支承方式

悬板式雨篷外挑长度一般为 0.9～1.5m，板根部厚度不小于挑出长度的 1/12，雨篷宽度比门洞每边宽 250mm。雨篷顶面一般低于梁顶面 250mm，板底抹灰可抹 15mm 厚

1∶2防水水泥砂浆（内掺5％防水剂），多用于次要出入口。

梁板式雨篷由梁和板组成，适用于挑出尺寸较大的情况。为使雨篷底面平整，一般将梁底与板底平齐，梁面上翻形成翻梁。当雨篷尺寸更大时，可在雨篷下面设柱支撑，如图4.4-21所示。

图 4.4-21　梁板式雨篷

雨篷的
类型及
构造做法

雨篷顶面应做好防水和排水处理，如图4.4-22所示。一般采用20mm厚的防水砂浆抹面进行防水处理，防水砂浆应沿墙面上翻，高度不小于250mm，同时在板的下部边缘做滴水，防止雨水沿板底漫流。雨篷顶面需设置1％的排水坡，并在一侧或双侧设排水管将雨水排出。为了立面需要，可将雨水由雨水管集中排出，雨篷外缘上部需做挡水边坎。

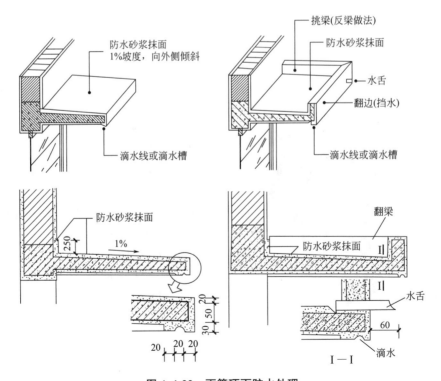

图 4.4-22　雨篷顶面防水处理

【识读案例】某学生宿舍楼雨篷大样如图 4.4-23 所示，从雨篷大样图中可知雨篷板厚150mm，悬挑长度为 1500mm，结构标高为 3.850m，雨篷顶面设 2% 排水坡度。滴水线做法按建筑图集 11ZJ901 第 25 页Ⓑ，从滴水大样图中可知，该雨篷的滴水采用鹰嘴＋凹槽做法。

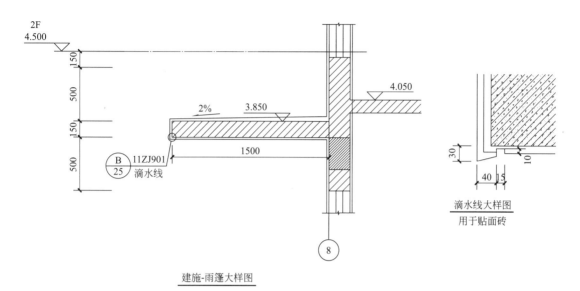

图 4.4-23　某学生宿舍楼雨篷大样

2. 钢结构雨篷

钢结构玻璃雨篷通常采用钢化玻璃或者是夹胶玻璃以及钢结构一起制作完成，具有安装方便、通透性强、防水性高、造型美观等特点，适用于办公楼出入口、住宅出入口、商业大厦出入口、地下车库出入口和钢结构景观连廊等，一般有悬挑和悬挂两种形式，如图 4.4-24 所示。

(a) 悬挑钢结构雨篷

(b) 悬挂钢结构雨篷

图 4.4-24　钢结构雨篷

思维导图

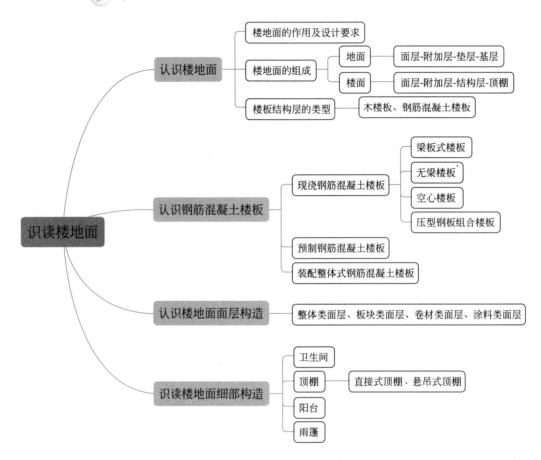

岗位任务4 识读建筑施工图中的楼地面

识读岗位任务图纸，回答以下问题。

一、单选题

1. 室内地坪比室外地坪（　　）。

A. 高 0.3mm　　　　　　　　　B. 低 0.3mm

C. 高 0.3m　　　　　　　　　　D. 低 0.3m

2. 本工程钢筋混凝土雨篷的找坡材料是（　　）。

A. 水泥砂浆　　　B. 水泥珍珠岩　　　C. 水泥膨胀珍珠岩　　D. 防水砂浆

3. 首层卫生间采用（　　）。

A. 1道防水，防水层总厚20mm　　　　B. 2道防水，防水层总厚22mm

C. 3道防水，防水层总厚22mm　　　　D. 1道防水，防水层总厚22mm

岗位任务
图纸

4. 首层正门入口处雨篷顶标高为（　　　）m。

A. 4.100　　　　　B. 4.200　　　　　C. 4.040　　　　　D. 4.150

5. 走廊和阳台、卫生间楼地面完成面比一般房间低（　　　）mm。

A. 50　　　　　B. 60　　　　　C. 70　　　　　D. 80

6. 在"三层平面图"中主卧室卫生间的标高 7.450 的含义指（　　　）。

A. 第三层卫生间钢筋混凝土楼板结构面的标高为 7.450m

B. 第三层卫生间钢筋混凝土楼板底的标高为 7.450m

C. 第三层卫生间防滑地砖建筑完成面的标高为 7.450m

D. 第三层卫生间防滑地砖面层铺贴前找平层完成面标高为 7.450m

二、多选题

1. 本工程卫生间楼地面低于房间 50mm，但板面标高相同，可采用（　　　）调整。

A. 水泥炉渣　　　B. 水泥砂浆　　　C. 防水砂浆　　　D. 细石混凝土

2. 关于室内地面构造做法，下列说法正确的是（　　　）。

A. 室内地面混凝土垫层设置纵横伸缩缝（平头缝）间距≤6m

B. 室内地面混凝土垫层设置纵横伸缩缝不应切断钢筋

C. 混凝土地面面层分格缝与垫层伸缩缝对齐，缝宽 20mm

D. 混凝土地面面层分格缝应内填填逢膏

三、排序题

卫生间、厨房地面构造做法，由下至上的排序为（　　　）。

A. 刷基层处理剂一遍（基层必须干净、干燥）

B. 2mm 厚 JS 复合防水涂料，分纵横两道涂刮，四周沿墙上翻 1500mm 高

C. 钢筋混凝土楼板，上刷素水泥浆结合层一道

D. 1∶2.5 水泥砂浆找平层 20mm 厚（最薄）找坡向地漏 1‰

E. 5mm 厚水泥胶粘贴 8～10mm 厚 300mm×300mm 防滑地砖铺实拍平

F. 1∶2.5 水泥砂浆找平保护层 20mm 厚

G. 1∶2.5 水泥砂浆找平层 20mm 厚

H. 20mm 厚防水砂浆

参考答案

项目 5 识读楼梯

 知识目标

1. 掌握楼梯的组成和类型；
2. 掌握钢筋混凝土楼梯的构造设计要求；
3. 了解台阶、扶梯、电梯的基本构造。

能力目标

1. 能够识读楼梯施工图；
2. 能够设计并绘制平行双跑楼梯。

素质目标

1. 通过掌握楼梯构造设计要求，培养学生严格按国家规范条文设计建筑的意识；
2. 通过设计并绘制平行双跑楼梯图，培养学生自主学习，理论联系实际的能力。

 以礼修身

原典： 人无礼则不生，事无礼则不成，国家无礼则不宁。

——【先秦】荀子《修身》

释义： 人没有礼法就不能生存，事情没有礼法就不能成功，国家没有礼法就不能安定。

解读： 此句强调遵从礼法的必要性，在日常生活中，礼是修己、待人、接物的根本原则，遵守礼仪可以促进社会的和谐与发展。而建筑是人类征服自然，改造自然斗争的记录。建筑又是一种艺术创造，在人类一切造型创造中是最庞大、最复杂的，所以它代表的民族思想和艺术更显著，更强烈，也更重要。建筑作为起居生活和诸多礼仪活动的物质场所，理所当然要发挥"养德、辨轻重"的社会功能。

导读：建筑空间的竖向交通依赖于楼梯、电梯、自动扶梯、台阶、坡道以及爬梯等设施，其中楼梯作为竖向交通和人员紧急疏散的主要交通设施，使用最为普遍。

在我们日常生活的建筑中，楼梯的形式多种多样，我们可以根据建筑的使用功能选择楼梯形式及设计楼梯。

5.1.1　楼梯的作用与组成

1. 楼梯的作用

（1）提供安全的垂直交通：楼梯是一种安全、便利的垂直交通方式。需上下通行方便，有足够的通行宽度和疏散能力（包括人行及搬运家具物品），并应满足坚固、耐久、安全、防火等要求。

楼梯的作用
与组成

（2）美化室内环境：楼梯不仅仅是一种交通设施，它还可以作为室内装饰的一部分。一些楼梯设计精美、色彩亮丽，为室内装饰增添了无限魅力，如图 5.1-1 所示。

图 5.1-1　楼梯

2. 楼梯的组成

楼梯一般由楼梯梯段、楼梯平台及栏杆（栏板）三部分组成，如图 5.1-2 所示。

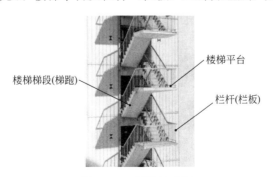

楼梯平台

楼梯梯段(梯跑)

栏杆(栏板)

图 5.1-2　楼梯构造图

（1）楼梯梯段

两个平台之间若干连续踏步的组合称为楼梯梯段，一个梯段称为一跑。每个踏步一般由两个相互垂直的平面组成，供人们行走时踏脚的水平面称为踏面，与踏面垂直的平面称为踢面。踏面和踢面之间的尺寸关系决定了楼梯的坡度。为了使人们上下楼梯时不致过度疲劳及保证每段楼梯均有明显的高度感，每个梯段的踏步级数不应少于 3 级，且不应超过 18 级。公共建筑中的装饰性弧形楼梯可略超过 18 级，如图 5.1-3 所示。

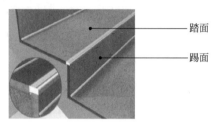

图 5.1-3　楼梯梯段

（2）楼梯平台

楼梯平台是连接两个楼梯梯段之间的水平构件，主要是为了解决楼梯梯段的转折和楼层连接，同时也使人们在上下楼时能在此处稍作休息。平台分成两种，与楼层标高一致的平台通常称为楼层平台，位于两个楼层之间的平台称为中间平台，如图 5.1-4 所示。

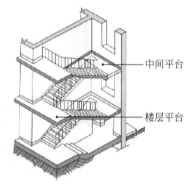

图 5.1-4　楼梯平台

（3）栏杆（栏板）

栏杆（栏板）是设置在梯段和平台临空侧的围护构件，应有一定的强度和安全性。扶手一般设于栏杆顶部，也可附设于墙上（靠墙扶手）。当梯段净宽度较大宜加设栏杆扶手，如图 5.1-5 所示。

(a) 栏杆　　　　　　(b) 栏板　　　　　　(c) 靠墙扶手　　　　　　(d) 加设栏杆扶手

图 5.1-5　栏杆（栏板）

5.1.2 楼梯的类型

1. 按材料分类

按楼梯材料分为：钢筋混凝土楼梯、木楼梯、金属楼梯、混合材料楼 楼梯的分类
梯，如图 5.1-6 所示。钢筋混凝土楼梯坚固、耐久、防火，应用比较广泛。

(a) 钢筋混凝土楼梯　　　　　　　(b) 钢楼梯　　　　　　　　　(c) 木楼梯

图 5.1-6　楼梯类型（材料）

2. 按位置分类

按楼梯位置分为：室内楼梯和室外楼梯，如图 5.1-7 所示。

(a) 室内楼梯　　　　　　　　　　　　　　(b) 室外楼梯

图 5.1-7　楼梯类型（位置）

3. 按使用性质分类

按楼梯的使用性质分为：主要楼梯、辅助楼梯、消防楼梯，如图 5.1-8 所示。

主要楼梯承担主要的交通流量，所以它应设在交通汇合处，并应和建筑物的入口处结合起来；辅助楼梯主要为辅助作用，一般设置在建筑物的次要出入口处；消防楼梯（安全楼梯）是在发生火警或事故时，用来紧急疏散人流的楼梯。

4. 按平面形式分类

按楼梯的平面形式分为：直行单跑楼梯、直行多跑楼梯、平行双跑楼梯、平行双分楼梯、折角楼梯、剪刀楼梯、交叉楼梯、螺旋楼梯等。

（1）直行单跑楼梯

直行单跑楼梯是无楼梯平台直达上一层楼面标高的楼梯。其楼梯所占楼梯间的宽度较

(a) 主要楼梯

(b) 辅助楼梯

(c) 消防楼梯(安全楼梯)

图 5.1-8　楼梯类型（使用性质）

小、长度较大，适用于层高较小的建筑，如住宅、地下室等，如图 5.1-9 所示。

(a) 直行单跑楼梯示意图

(b) 钢筋混凝土直行单跑楼梯

(c) 钢结构直行单跑楼梯

图 5.1-9　直行单跑楼梯

（2）直行多跑楼梯

直行多跑楼梯是直行单跑楼梯的延伸，仅增设了中间平台，将单梯段变为多梯段，适用于层高较大的建筑，如图 5.1-10 所示。

(a) 直行多跑楼梯示意图

(b) 钢筋混凝土直行多跑楼梯

(c) 钢结构直行多跑楼梯

图 5.1-10　直行多跑楼梯

直行多跑楼梯给人以直接、顺畅的感觉，导向性强，在公共建筑中常用于人流较多的大厅。但是，由于其通行方向的单一性，当用于多层建筑时，会增加交通面积。

（3）平行双跑楼梯

平行双跑楼梯是指两个楼层之间，由两个平行且方向相反的梯段和一个中间休息平台组成的楼梯形式。对于多层建筑，平行双跑楼梯比直行多跑楼梯节约交通面积，是最常用的楼梯形式之一，如图 5.1-11 所示。

(a) 平行双跑楼梯示意图　　　(b) 钢筋混凝土平行双跑楼梯　　　(c) 钢结构平行双跑楼梯

图 5.1-11　平行双跑楼梯

（4）平行双分楼梯

平行双分楼梯是在平行双跑楼梯基础上演变产生的。第一跑在中部上行，中间平台处往两边各上一跑到楼层面，通常在人流多、楼段宽度较大时采用。由于其造型的对称严谨性，常用作办公类建筑的主要楼梯，如图 5.1-12 所示。

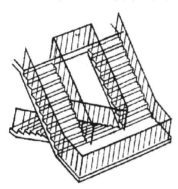

(a) 平行双分楼梯示意图　　　(b) 钢筋混凝土平行双分楼梯

图 5.1-12　平行双分楼梯

（5）折角楼梯

折角楼梯人流导向较自由，折角通常为 90°。折角楼梯又分为单方向的折角，如图 5.1-13 所示，以及双分折角，如图 5.1-14 所示。

对于层高较大的公共建筑常采用三折楼梯，此楼梯中部形成较大梯井，因楼梯井较大，不安全，楼梯应做好安全防护措施，如图 5.1-15 所示。

（6）剪刀楼梯、交叉楼梯

剪刀楼梯是由一对相邻且连通的直行双跑梯段构成的楼梯，如图 5.1-16 所示。交叉楼梯是由一对相邻且不连通的直行梯段构成的楼梯，适用于人流量大的教学楼、商场等，如图 5.1-17 所示。

(a) 单方向折角楼梯示意图

(b) 钢筋混凝土单方向折角楼梯

(c) 木结构单方向折角楼梯

图 5.1-13　单方向折角楼梯

(a) 双分折角楼梯示意图

(b) 钢筋混凝土双分折角楼梯

(c) 钢结构双分折角楼梯

图 5.1-14　双分折角楼梯

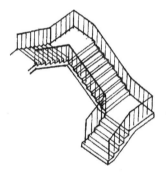

(a) 三折楼梯示意图

(b) 钢筋混凝土三折楼梯

(c) 木结构三折楼梯

图 5.1-15　三折楼梯

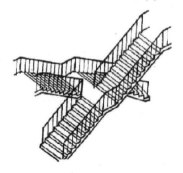

(a) 剪刀楼梯示意图

(b) 钢筋混凝土剪刀楼梯

图 5.1-16　剪刀楼梯

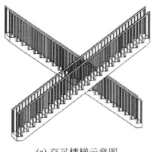

(a) 交叉楼梯示意图　　　　　　　　(b) 钢结构交叉楼梯

图 5.1-17　交叉楼梯

（7）螺旋楼梯

螺旋楼梯梯段呈弧形，平台和踏步均为扇形平面，踏步内侧宽度很小，并形成较陡的坡度，行走时不安全，且构造较复杂，这种楼梯不能作为主要人流交通和疏散的楼梯，如图 5.1-18 所示。建筑可以利用螺旋楼梯优美的旋律、柔和的动态感去创造各类建筑所需要的特殊空间气氛。中柱螺旋楼梯由于其流线形造型美观，占用空间小，常作为建筑小品布置在庭院或室内，如图 5.1-19 所示。

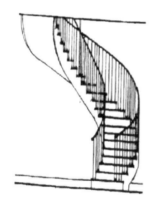

(a) 螺旋楼梯示意图　　　　　　　(b) 钢筋混凝土螺旋楼梯

图 5.1-18　螺旋楼梯

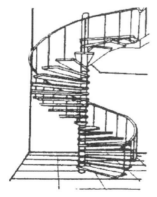

(a) 中柱螺旋楼梯示意图　　　　　(b) 钢结构中柱螺旋楼梯

图 5.1-19　中柱螺旋楼梯

任务 5.2 识读钢筋混凝土楼梯

导读：钢筋混凝土楼梯具有坚固耐久、防火性能好、可塑性强等优点，得到广泛应用。对于有防火疏散功能要求的楼梯，钢筋混凝土楼梯在满足防火要求方面有较大的优势，因此在疏散楼梯中被广泛采用。

5.2.1 钢筋混凝土楼梯的分类

钢筋混凝土
楼梯

钢筋混凝土楼梯按其施工方式可分为现浇整体式和预制装配式。

1. 现浇整体式楼梯

现浇整体式楼梯是在现场支模板、绑扎钢筋、浇筑混凝土而成。由于梯段和平台浇筑在一起，故具有整体性好、刚度大、坚固耐久等优点。但现场施工作业量大、工期长，适用于对抗震有较高要求的建筑。现浇钢筋混凝土楼梯，按照梯段的传力特点分为板式楼梯和梁式楼梯。

（1）板式楼梯

板式楼梯由梯段、平台梁和平台板组成，梯段支撑在上下平台梁之间，如图 5.2-1 所示。板式楼梯荷载传递路径是：梯段承受其上部荷载，并将荷载传给上下平台梁，平台梁再将荷载传给两侧的墙体或柱子。板式楼梯结构简单，施工方便，底面平整，跨度在 3m 以内时较经济，适用于荷载小、层高较小的建筑。

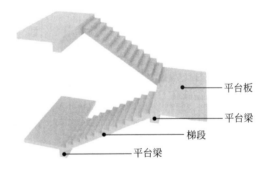

平台板
平台梁
梯段
平台梁

图 5.2-1　板式楼梯

（2）梁式楼梯

当梯段跨度超过 3m 或楼梯荷载较大时，采用板式楼梯往往不经济，可采用增加梯段斜梁（简称梯梁）的方式来提高楼梯的承载能力，并满足经济要求，这种楼梯称梁式楼梯，如图 5.2-2 所示。梁式楼梯适用于荷载较大、层高较大的建筑，如商场、教学楼等公共建筑。

梁式楼梯荷载传递路径是：踏步承受其上部荷载，并将荷载传给梯梁，梯梁再将荷载

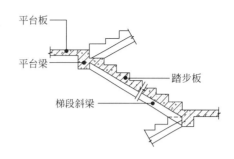

图 5.2-2　梁式楼梯（有平台梁）

传给上下两端平台梁，平台梁再将荷载传给两侧的墙体或柱子。梁式楼梯在结构布置上有双梁布置和单梁布置之分，如图 5.2-3 所示。

(a) 梯梁在端部(单梁)　　　　　　(b) 梯梁在中部(单梁)　　　　　　(c) 梯梁在两端(双梁)

图 5.2-3　梁式楼梯结构布置

梁式楼梯的梯梁一般放置在踏步的下面，梯段侧面能看见踏步，俗称为明步楼梯，如图 5.2-4（a）所示。但这种做法使梯段下部梯梁形成暗角，容易积灰，梯段侧面经常被清洗踏步产生的脏水污染，影响美观。梯梁也可反设到踏步板上侧，此时梯梁下侧与踏步板下侧平齐，梯段侧面不能看见踏步，这种称为暗步楼梯，如图 5.2-4（b）所示。暗步楼梯弥补了明步楼梯梯段下部易积灰、侧面易污染的缺陷，但梯梁凸出梯段从而减少了梯段的使用净宽。

2. 预制装配式楼梯

预制装配式楼梯是指把楼梯分成若干个单元，各单元在加工场地制作，再运送到施工现场，最后通过吊装、连接形成一个整体的楼梯。预制装配式楼梯有利于节约模板，提高施工速度，便于工业化生产。按照加工、运输、吊装等条件可以分为小型和中型、大型预制装配式楼梯。

小型预制装配式楼梯的构件尺寸小、质量小、数量多，一般把踏步板作为基本构件，把踏步搁置在楼梯间墙体或斜梁上，具有构件生产、运输、安装方便的优点。小型预制装配式楼梯施工较复杂、施工进度慢、作业量大，整体性差，抗震能力弱，目前较少采用。

中型、大型预制装配式楼梯一般是把梯段和平台板作为基本构件，预制楼梯构件划分为带平台板和不带平台板两种，如图 5.2-5 所示。构件的体积大，规格和数量少，装配容易、施工速度快，适用于成片建设的大量性建筑中。现代建筑普遍采用中型、大型楼梯构

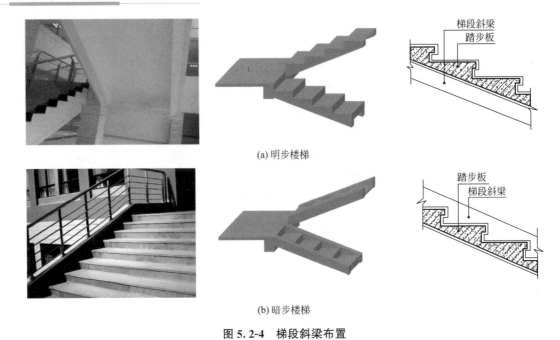

(a) 明步楼梯

(b) 暗步楼梯

图 5.2-4　梯段斜梁布置

件。楼梯构件通常在工厂采用钢模板生产，其表面较光滑，整体观感好，安装之后作嵌缝处理即可，比较方便。

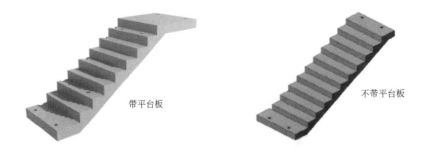

图 5.2-5　中型、大型预制装配式楼梯

楼梯预制构件在现场可通过预埋件焊接连接，也可通过构件上的预埋件和预埋孔相互套接。楼梯构件主要安装步骤：安装楼梯间墙→安装休息平台→安装楼梯梯段，如图 5.2-6 所示。

(a) 安装楼梯间墙

(b) 安装休息平台

(c) 安装楼梯梯段

图 5.2-6　中型、大型预制装配式楼梯（安装步骤）

5.2.2 钢筋混凝土楼梯的设计

楼梯的设计包括楼梯间的平面形式、梯段宽度、平台宽度和梯井宽度、楼梯坡度、楼梯净空高度、楼梯踏步尺寸、楼梯栏杆等各部分尺度的协调。具体设计时要与建筑平面、建筑功能、建筑空间与建筑环境艺术等因素联系起来，同时，必须符合有关建筑设计的标准和规范的要求。

1. 楼梯间的平面形式

按楼梯间的平面形式分为：开敞楼梯间、封闭楼梯间、防烟楼梯间，如图 5.2-7 所示。

（1）开敞楼梯间是三面为墙，一面为走道围合而成的楼梯间。开敞楼梯间天然采光和自然通风好，在低层建筑中得到广泛应用，如建筑高度不超过 21m 的住宅。开敞楼梯间往往是烟火蔓延通道，故在高层建筑和地下建筑中禁止使用。如图 5.2-7（a）所示。

（2）封闭楼梯间是指用耐火建筑构件分隔，能防止烟和热气进入的楼梯间。设计中应采用封闭楼梯间的建筑物包括：①医疗建筑、旅馆建筑、疗养建筑；②歌舞娱乐场所建筑；③商店、图书馆、展览建筑、会议中心及类似使用功能的建筑；④6 层及以上的其他建筑。如图 5.2-7（b）所示。

（3）防烟楼梯间是在楼梯间入口处设有防烟前室，且通向前室和楼梯间的门均为乙级防火门的楼梯间。设计中可采用防烟楼梯间的建筑物包括：①高度超过 32m，且每层人数超过 10 人的高层厂房；②塔式住宅；③一类高层建筑；④除单元式和通廊式住宅外的建筑高度超过 32m 的二类高层建筑；⑤11 层以上的通廊式住宅，19 层及以上的单元式住宅。如图 5.2-7（c）所示。

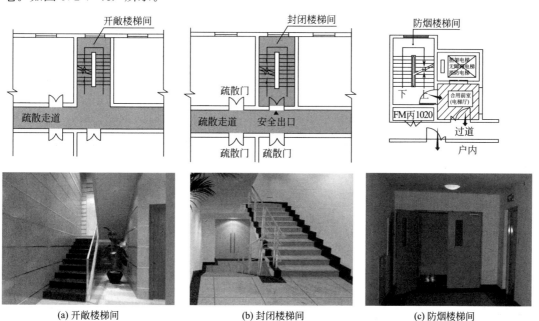

(a) 开敞楼梯间   (b) 封闭楼梯间   (c) 防烟楼梯间

图 5.2-7 楼梯类型（楼梯间平面形式）

2. 梯段宽度

梯段宽度根据建筑的类型、层数、通行人数和防火要求确定。楼梯梯段宽度是指墙面至扶手中心线的水平距离，如图 5.2-8 所示。梯段宽度根据紧急疏散时要求通过的人流股数确定，一般按每股人流宽度为 0.55m＋（0～0.15）m 计算，并不应少于两股，即 2×0.55m＝1.1m。仅供单人通行的楼梯，必须满足单人携带物品通过的需要，净宽应不少于 0.9m。

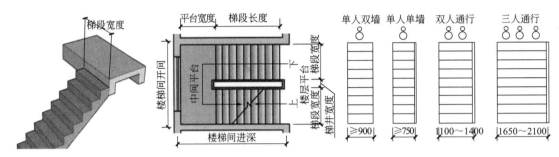

图 5.2-8 楼梯梯段宽度

高层建筑中作为主要通行用的楼梯，其梯段宽度指标高于一般建筑。《建筑防火通用规范》GB 55037—2022 规定，高层建筑每层疏散楼梯的最小净宽不应小于表 5.2-1 的规定。

高层建筑每层疏散楼梯的最小净宽 表 5.2-1

建筑类别	疏散楼梯的最小净宽度（m）
高层医疗建筑	1.30
其他高层公共建筑	1.20

3. 平台宽度和梯井宽度

（1）平台宽度

平台宽度（中间平台宽度、楼层平台宽度）不应小于梯段宽度，并不得小于 1.2m，以保证通行及便于家具搬运。医院建筑还应保证担架在平台处能转向通行，其中间平台宽度应不小于 1.8m。楼梯为剪刀梯时，楼梯平台的净宽不得小于 1.3m。楼层平台宽度一般比中间平台更宽一些，以利于人员分流及停留。开敞楼梯间的楼层平台同走廊连在一起，此时平台宽度可以小于上述规定，使楼梯起步点自走廊边线内退一段距离，不小于 0.5m 即可，如图 5.2-9 所示。

图 5.2-9 楼梯平台宽度

（2）梯井宽度

梯井是指两个楼梯段之间的空隙，其主要功能是便于消防水管的传递，如图 5.2-10 所示。梯井宽度一般取 60～200mm，当大于 110mm 时，必须采取防止儿童攀爬的措施。

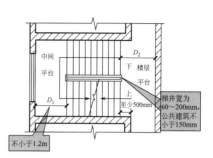

图 5.2-10　楼梯梯井宽度

4. 楼梯坡度

楼梯坡度是指楼梯段各级踏步前缘的假定连线与水平面的夹角，或用踏面和踢面长度之比表示，如图 5.2-11（a）、（b）所示。楼梯的坡度一般在 23°～45°之间，30°为适宜坡度。楼梯的坡度应根据建筑物的使用性质来确定，公共建筑的楼梯使用人数较多，坡度应比较平缓；住宅建筑的楼梯，使用人数较少，坡度可以稍陡。

爬梯的坡度一般大于 45°，适用于通往屋顶、电梯机房等非公共区域；室外台阶坡度在 10°～23°之间；坡道坡度一般在 10°以下，由于坡道占地面积较大，在室外应用较多，如图 5.2-11（c）所示。

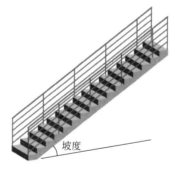
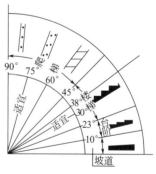

(a) 楼梯坡度示意图　　　　　　(b) 住宅楼梯　　　　　　(c) 各种坡度示意图

图 5.2-11　楼梯坡度

5. 楼梯净空高度

净高要保证人们在通行或搬运物件时不受影响。楼梯净高包括梯段净高和平台净高。梯段净高是指上下两平行梯段之间的最小高度，即梯段踏步前缘至其正上方梯段下表面的垂直距离，应不小于 2.20m。平台净高是指平台过道地面至上部结构最低点（通常为平台梁底）的垂直距离，应不小于 2.00m。在确定这两个净高时，还应充分考虑人们肩扛物品对空间的实际需要，避免由于碰头而产生压抑感，如图 5.2-12 所示。

楼梯净空、踏步、栏杆设计

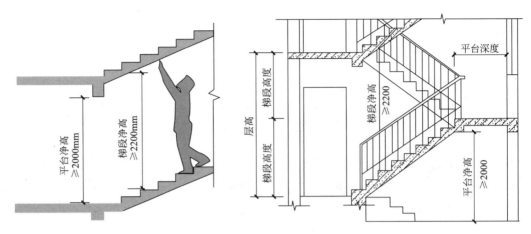

图 5.2-12　楼梯净空高度

为了充分利用楼梯底层中间平台下空间或便于室内外的联系，往往在底层中间平台下需设置通道，如图 5.2-13 所示。当在平行双跑楼梯底层中间平台下需设置通道时，为保证平台下净高满足通行要求，一般可采用以下方式解决：

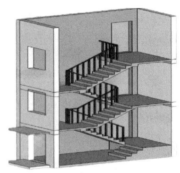

图 5.2-13　楼梯底层中间平台下设置通道

① 将楼梯底层设计成"长短跑"，让第一跑的踏步数目多些，第二跑踏步少些，利用踏步的多少来调节平台下部净空的高度。这种方法仅在楼梯间进深大，底层平台宽富裕时使用。如图 5.2-14（a）所示。

② 局部降低底层中间平台下地坪标高，使其低于底层室内地坪标高，以满足净空高度要求。但降低后的中间平台下地坪标高仍应高于室外地坪标高，以免雨水内溢，如图 5.2-14（b）所示。这种处理方式可保持等跑梯段，使构件统一。

③ 综合上两种方式，在采取长短跑梯段的同时，又适当降低底层中间平台下地坪标高，如图 5.2-14（c）所示。这种处理方式可兼有前两种方式的优点，并弱化其缺点。

④ 底层用直行单跑或直行双跑楼梯直接从室外上二层，如图 5.2-14（d）所示。这种方式常用于住宅建筑，设计时需注意入口处雨篷底面标高的位置，保证净空高度在 2.2m 以上。

6. 楼梯踏步尺寸

楼梯踏步由踏面和踢面组成，踏步尺寸是指踏面宽度及踢面高度。踏面宽度是相邻两踏步前缘线之间的水平距离，踢面高度是相邻两踏面之间的垂直距离，楼梯踏步的尺寸一

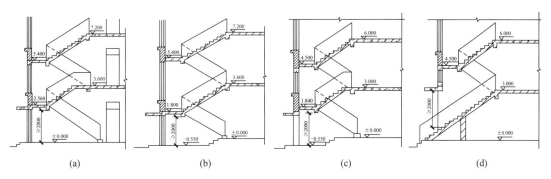

图 5.2-14　底层中间平台下设置通道的设计方案

一般按经验数据确定（表 5.2-2）。踢面高度取决于踏面宽度，这是由于踢面高度与踏面宽度之和与人的步距有关，踏步尺寸可按经验公式计算，即 $2h + b = 600 \sim 620\text{mm}$ 或 $h + b \approx 450\text{mm}$，式中 h 为踢面高度（mm），b 为踏面宽度（mm）。

踏步常用尺寸（单位：mm）　　　　　　　　　　　表 5.2-2

建筑类别	住宅公共楼梯	幼儿园楼梯	医院、疗养院等楼梯	学校、办公楼等楼梯	剧院、会堂等楼梯
最小宽度 b	250	260	280	260	220
常用宽度 b	260~300	260~280	300~350	280~340	300~350
最大高度 h	180	150	160	170	200
常用高度 h	150~175	120~150	120~150	140~160	120~150

由于踏面宽度受楼梯进深的限制，可以通过对踏步进行细部处理来增加踏面的尺寸，如加做踏步突缘或是将踢面倾斜。踏步挑出尺寸一般为 20~25mm，若挑出过大，则踏步易损坏，而且会给行走带来不便，如图 5.2-15 所示。

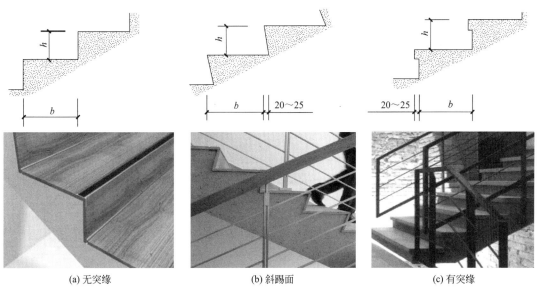

(a) 无突缘　　　　　　　　(b) 斜踢面　　　　　　　　(c) 有突缘

图 5.2-15　楼梯踏步

7. 楼梯栏杆

栏杆是楼梯段的安全设施，一般设置在梯段和平台临空的一边，它必须坚固可靠，并保证有足够的安全高度。楼梯栏杆扶手的高度，指踏面前缘至扶手顶面的垂直距离。在30°左右的坡度下常采用0.90m或1.00m，楼梯栏杆垂直杆件间净距不应大于0.11m；室内楼梯水平段长度大于0.50m时，其扶手高度不应小于1.05m；儿童使用的楼梯扶手高度一般为0.50~0.60m；临空处的楼梯防护栏杆底部离楼面0.10m高度内不宜留空，如图5.2-16所示。

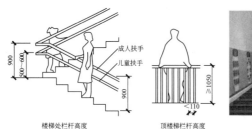

图 5.2-16　楼梯栏杆

室外楼梯，楼梯临空高度在24m以下时，栏杆高度不应低于1.05m；临空高度在24m及以上时，栏杆高度不应低于1.10m。

8. 楼梯设计步骤

和其他形式楼梯相比，平行双跑楼梯节约交通面积，并能缩短人流行走距离，是最常用的楼梯形式之一。下面以平行双跑楼梯为例进行楼梯尺寸设计，设计步骤如下，如图5.2-17所示。

① 根据层高 H 和初选步高 h 计算每层步数 N：$N=H/h$；

② 根据步数 N 和初选步宽 b 计算梯段水平投影长度 L：$L=(0.5N-1)\times b$；

③ 拟定梯井宽（可不设）C：$C=60\sim200mm$；

④ 根据楼梯间开间净宽 A 和梯井宽 C 确定梯段宽度 a：$a=(A-C)/2$；

⑤ 根据初选中间平台宽 D_1、楼层平台宽 D_2，以及梯段水平投影长度 L 检验楼梯间净进深 B：$B=D_1+L+D_2$；

⑥ 根据设计数值绘制楼梯平面图和剖面图。

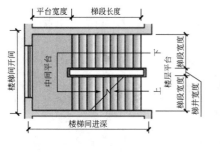
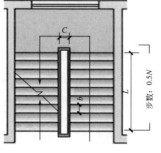
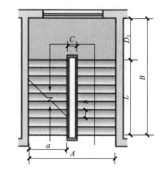

图 5.2-17　楼梯设计步骤图

【设计案例】某综合楼拟在建筑转角部位设置一个开敞楼梯间，楼梯间的开间尺寸为3600mm，进深尺寸为6600mm，首层层高为4200mm，二、三层层高为3300mm，四层层高为4200mm；外墙厚300mm，内墙厚200mm，轴线居墙中；室内外高差300mm。设计一平行双跑楼梯。

（1）该综合楼首层高 H 为 4200mm，二、三层层高为 3300mm，四层层高为4200mm。初步按照经验数据拟定踏步高度 h 为 150mm，根据层高 H 和初选步高 h 计算每层步数 N：$N=H/h$，第二、三层 $N=3300/150=22$，则每一跑台阶数为 $n=11$，为了楼梯整体协调性，取首层第二跑为 11 个台阶数，则第一跑为 $(4200-11\times150)/150=17$个台阶数。

（2）踏步尺寸按经验数据可取踏步宽 $b=280$mm。

（3）根据步数 N 和踏步宽 b 计算梯段水平投影长度 L：$L=(0.5N-1)\times b$，对于首层第一跑 $L=(17-1)\times280=4480$mm；对于第二、三层 $L=(0.5\times22-1)\times280=2800$mm。

（4）梯井宽 C：$C=60\sim200$mm，取 $C=150$mm。

（5）根据楼梯间开间净宽 A 和梯井宽 C 确定梯段宽度 a：$a=(A-C)/2$，即楼梯宽度 $a=(3600-150-150-100)/2=1600$mm。根据规范楼梯宽度并不应少于1100mm，满足要求。

（6）根据规范平台宽度（中间平台宽度、楼层平台宽度）不应小于梯段宽度，并不得小于1200mm，选中间平台宽 $D_1=1700$mm，则楼层平台宽 D_2 等于楼梯间进深净宽 B 减去平台宽度减去水平投影长度，即 $D_2=B-D_1-L$。对于首层 $D_2=6600-150-1700-4480=270$mm，对于二、三层 $D_2=6600-150-1700-2800=1950$mm，满足规范要求。

（7）根据设计数值绘制楼梯平面图和剖面图，如图 5.2-18 所示。

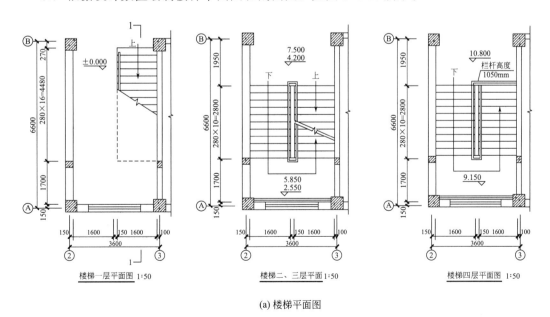

(a) 楼梯平面图

图 5.2-18　楼梯平面图和剖面图（一）

129

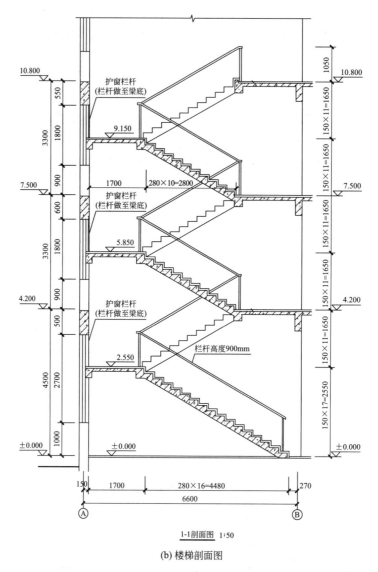

(b) 楼梯剖面图

图 5.2-18 楼梯平面图和剖面图（二）

任务 5.3　识读楼梯细部构造

楼梯的
细部构造

　　导读： 楼梯栏杆、扶手及踏步面层等事关楼梯的使用安全，在楼梯设计中除了保证楼梯结构安全外，对踏步的防滑性能，栏杆、扶手连接件的牢固性及耐久性也应给予足够的重视。

1. 楼梯踏步防滑措施

　　楼梯踏步的踏面应光洁、耐磨，易于清扫。为了防止行人使用楼梯时滑倒，特别是水磨石面层以及其他表面光滑的面层，踏步表面应有防滑措施。防滑常用的做法有三种：第一种是在踏步近踏口处，做出略高于踏面的防滑条，防滑条的材料可采用金刚砂、马赛克、橡皮条、金属条等，如图 5.3-1（a）所示；第二种在踏步面层留防滑槽，防滑槽长度一般为踏步长度每边减去 150mm，如图 5.3-1（b）所示；第三种为镶贴防滑条或用防滑条包住踏口，如图 5.3-1（c）所示。

水泥砂浆防滑条

陶瓷面层防滑条

(a) 防滑条(凸条)

金刚砂防滑条

水泥砂浆面层刻槽

陶瓷面层刻槽

(b) 防滑槽(凹槽)

石材面层刻槽

金属防滑条

橡胶防滑条

(c) 防滑条

塑料防滑条

图 5.3-1　楼梯踏步面层防滑做法

2. 楼梯栏杆、栏板

为了保证楼梯的使用安全，应在楼梯段的临空一侧设栏杆或栏板，并在其上部设置扶手。楼梯栏杆应选用坚固、耐久的材料制作，并具有一定的强度和抵抗侧向推力的能力，能够保证在人多拥挤时楼梯的使用安全。栏杆多采用金属材料制作，如扁钢、圆钢、方钢、铸铁花饰、铝材等。栏杆垂直构件之间的净距不应大于 110mm，如图 5.3-2 所示。经常有儿童活动的建筑，栏杆的分格应设计成儿童不易攀登的形式，以确保安全。

栏杆与梯段应有牢固、可靠的连接，常见的连接方法有以下几种：

栏杆垂直构件之间的
净距不大于110mm

图 5.3-2　常见栏杆形式

① 预留孔洞插接。将端部做成开脚或倒刺的栏杆插入梯段预留的孔洞内，用水泥砂浆或细石混凝土填实，如图 5.3-3（a）、（b）所示。

② 预埋铁件焊接。将栏杆立杆的下端与梯段中预埋的钢板或钢管焊接在一起，如图 5.3-3（c）～（e）所示。

③ 螺栓连接。用螺栓将栏杆固定在梯段上如图 5.3-3（f）～（h）所示。

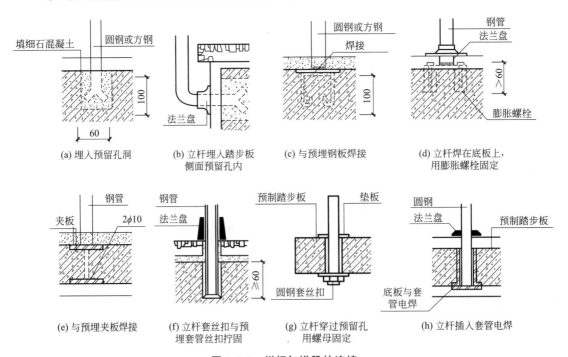

图 5.3-3　栏杆与梯段的连接

3. 楼梯扶手

扶手位于栏杆顶部。扶手可以用优质硬木、金属型材（铁管、不锈钢、铝合金等）、工程塑料及水泥砂浆、水磨石、天然石、大理石材等制作。木扶手和塑料扶手具有手感舒适、断面形式多样的优点，使用最为广泛。室外楼梯不宜使用木扶手，以免淋雨后变形和开裂。不论何种材料的扶手，其表面必须要光滑、圆顺，以便于扶持。如图 5.3-4 所示为几种常见扶手。

(a) 金属扶手

(b) 木扶手

(c) 靠墙扶手

图 5.3-4　常见扶手

扶手与栏杆应有可靠的连接，其连接方法视扶手和栏杆的材料而定。金属扶手则通过焊接或螺钉与栏杆连接；木扶手、塑料扶手通过扁铁与栏杆连接；靠墙扶手与墙的连接是预先在墙上留洞口，然后安装开脚螺栓，并用细石混凝土填实，或在混凝土墙中预埋扁钢，用锚接固定，如图 5.3-5 所示。

图 5.3-5　扶手与栏杆、墙体连接

任务 5.4　认识台阶和坡道

导读：为了防止室外雨水流入室内，一般建筑室内地面高于室外地坪，以致建筑物室内外形成一定高差。在建筑出入口处设置台阶和坡道是解决建筑室内外地坪高差过渡的构造措施。

1. 台阶

（1）台阶的基本要求

台阶处于室外，台阶踏步数不应小于 2 步，其踏步高（h）一般在 $100\sim150\text{mm}$，踏步宽（b）在 $300\sim400\text{mm}$。在台阶与建筑物出入大门之间，需设一缓冲平台，作为室外空间的过渡，平台深度一般不应小于 1000mm。考

台阶

虑有无障碍设计坡道时，出入口平台的深度一般不应小于1500mm。平台需做3%左右的排水坡度，以利雨水排除。人流密集场所，台阶高度超过0.7m时，临空侧宜设置护栏。台阶经常受雨、雪影响，宜采取防滑措施，如图5.4-1所示。

图5.4-1 台阶

（2）台阶的基本形式

台阶的形式较多，应当与建筑的级别、功能及基地周围的环境相适应。常见的台阶形式有单面踏步、两面踏步、三面踏步、单面踏步带花池（花台）等，如图5.4-2所示。台阶顶部平台宽度大于门洞宽度，一般每侧至少宽出500mm。

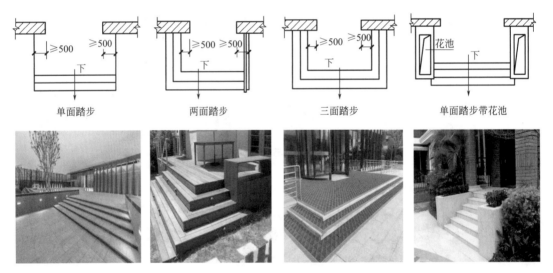

图5.4-2 台阶的基本形式

（3）台阶的构造

台阶的做法分实铺和架空两种，大多数台阶采用实铺做法。实铺台阶的构造与室内地坪的构造相似，包括基层、垫层和面层。基层是夯实土；垫层多采用混凝土、碎砖或砌砖；面层有整体和铺贴两大类，材料有水泥砂浆、水磨石、剁斧石、缸砖、天然石材等，如图5.4-3所示。在严寒地区，为保证台阶不受土壤冻胀影响，应把台阶下部一定深度范围内的土换掉，改设砂石垫层。由于建筑主体的沉降大于台阶的沉降，为了防止台阶变形，一般在结构上与建筑主体是分开的，用柔性防水材料嵌缝。

图 5.4-3　实铺台阶

【识读案例】室外实铺台阶构造如图 5.4-4（a）所示，基层为素土夯实，300mm 厚 3∶7 的灰土分两步夯实，每层夯实前虚铺 220mm，夯实后的厚度为 150mm，称"一步"；垫层采用 60mm 厚 C15 混凝土，为防止台阶上积水向室内流淌，台阶向下设置 1‰的排水坡度；面层采用 30mm 厚的花岗岩石板饰面，两面及四周边满涂防污剂，拼接缝用稀释水泥浆擦缝。

冬季台阶构造图如图 5.4-4（b）所示，基层为素土夯实，为保证台阶不受土壤冻胀影响，把台阶下部一定深度范围内的土换掉，改设为 300mm 厚中粗砂防冻胀层，分两步振捣密实，宽出面层 100mm。砌筑 300mm 碎砖，浇灌 M2.5 的混合砂浆；垫层采用 60mm 厚 C15 混凝土，为防止台阶上积水向室内流淌，台阶向下设置 1‰的排水坡度；面层采用 20mm 厚的碎拼大理石铺面，拼接缝用稀水泥浆擦缝，撒素水泥面；平台设置 1‰的排水坡度，台阶踏步数为 3 步，其踏步高（h）为 150mm，踏步宽（b）为 300mm。台阶在结构上与建筑主体是分开的，用沥青胶泥嵌缝。

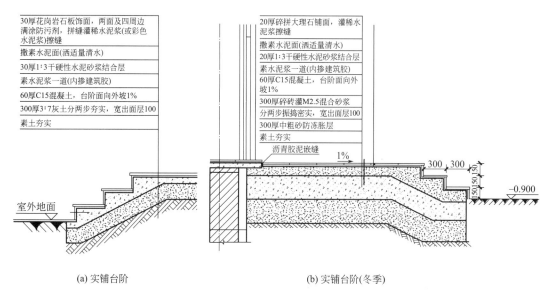

(a) 实铺台阶　　　　　　　　(b) 实铺台阶(冬季)

图 5.4-4　实铺台阶的构造图

当台阶尺度较大或土壤冻胀严重时，为保证台阶不开裂和塌陷，往往选用架空台阶。架空台阶的平台板和踏步板分别搁置在梁上或砖砌地垄墙上，构造做法跟楼梯相似。由于台阶与建筑主体在承受荷载和沉降方面差异较大，因此大多数台阶在结构上与建筑主体是分开的，通常是主体施工完成后再进行台阶施工。如图 5.4-5 所示。

图 5.4-5　架空台阶

【识读案例】 室外架空台阶构造如图 5.4-6 所示，①号图将预制钢筋混凝土板搁置在两侧钢筋混凝土梁上，踏步板采用 80mm 厚的细石混凝土预制踏步板，面层构造做法与楼梯相似，有石材台阶、块料台阶、拼碎块料台阶、水泥砂浆台阶、现浇水磨石台阶、剁假石台阶等面层材料，具体做法按工程设计；②号图为将预制钢筋混凝土板，搁置在两侧砖砌地垄墙上，其他构造做法和①号台阶图构造做法相似。

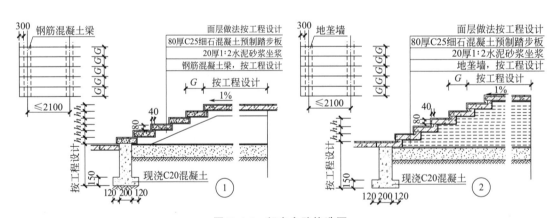

图 5.4-6　架空台阶构造图

坡道

2. 坡道

室内外有高差且需要考虑通车、通行轮椅时，往往设置坡道。坡道按照用途划分，可分为行车坡道和轮椅坡道。

（1）行车坡道

行车坡道分为普通行车坡道与回车坡道两种，如图 5.4-7 所示。普通行车坡道布置在有车辆进出的建筑入口处，如车库、库房等。回车坡道与台阶踏步组合在一起，布置在某些大型公共建筑的入口处，如办公楼、旅馆、医院等。

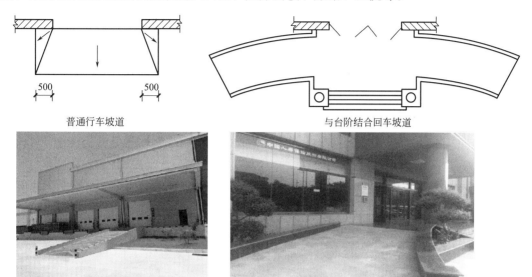

图 5.4-7　行车坡道

坡道的坡段宽度每边应大于门洞口宽度至少 500mm，坡段的长度取决于室内外地面高差和坡道的坡度大小。室外坡道坡度不应大于 1∶10，为残疾人设置的坡道坡度不应大于 1∶12。

坡道一般采用实铺，构造要求与台阶基本相同。坡道面层可以分为面层做磋、面层砂浆划格、面层设防滑条以及混凝土抹面；垫层的强度和厚度应根据坡道长度及上部荷载的大小进行选择，严寒地区的坡道同样需要在局部设置砂石垫层。

【识读案例】某室外坡道构造如图 5.4-8 所示，该地区为严寒地区，基层为素土夯实，坡道在垫层下部设置中粗砂防冻胀层，宽出面层 300mm，3∶7 灰土分两步夯实，每步 150mm 厚；垫层为 100mm 厚的 C20 混凝土；面层为 30mm 厚的水泥砂浆，抹 60mm 宽 10mm 厚的锯齿形礓磋；坡道与主体结构断开，断开部位用密封膏进行密封。

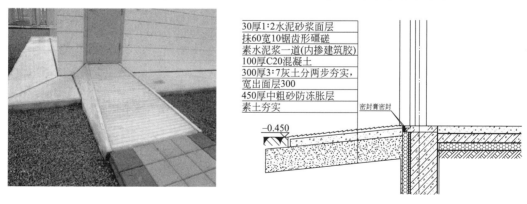

图 5.4-8　室外坡道构造图

（2）无障碍坡道（轮椅坡道）

无障碍设计主要是针对下肢残疾和视力残疾的人。随着我国社会文明程度的提高，为使残疾人能平等地参与社会活动，体现社会对特殊人群的关爱，应在为公众服务的建筑及市政工程中设置方便残疾人使用的设施，轮椅坡道是其中之一。

我国专门制定了《无障碍通用规范》GB 50763—2012，无障碍出入口的轮椅坡道应符合下列规定：

① 同时设置台阶和轮椅坡道的出入口，轮椅坡道的净宽度不应小于1.00m，无障碍出入口的轮椅坡道净宽度不应小于1.20m。

② 轮椅坡道宜设计成直线形、直角形或折返形，不宜设计成圆形或弧形，如图5.4-9 （a）所示。

③ 坡道在转弯处应设休息平台，休息平台的水平长度不应小于1.50m。

④ 无障碍单层扶手的高度应为850～900mm，无障碍双层扶手的上层扶手高度应为850～900mm，下层扶手高度应为650～700mm。扶手应保持连贯，靠墙面的扶手的起点和终点处应水平延伸不小于300mm的长度。扶手末端应向内拐到墙面或向下延伸不小于100mm，栏杆式扶手应向下成弧形，如图5.4-9 （b）所示。

⑤ 轮椅坡道坡面应平整、防滑、无反光，并设置无障碍标志，如图5.4-9 （c）所示。

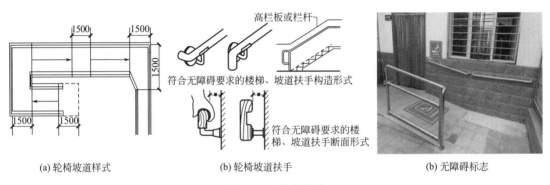

(a) 轮椅坡道样式　　　(b) 轮椅坡道扶手　　　(b) 无障碍标志

图5.4-9　轮椅坡道

【识读案例】室外无障碍坡道大样如图5.4-10所示，坡道设计成直线形，坡道坡度为1∶10，坡道的高度为450mm，在两侧设置双层扶手。上层扶手高度为850mm，下层扶手高度为650mm；坡道水平长度为4.50m；靠墙扶手末端延伸300mm，栏杆间距为750mm；坡道面层采用烧毛花岗岩。坡道与主体结构断开，断开部位用沥青砂浆进行填缝。

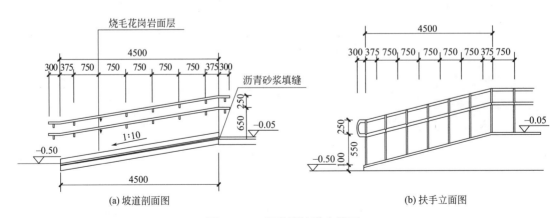

(a) 坡道剖面图　　　　　　　　(b) 扶手立面图

图5.4-10　无障碍坡道大样图

任务 5.5　认识电梯和扶梯

　　导读：当建筑层数较多或某些建筑虽然层数不多但因有特殊需要如医院、车站、码头、商场、机场和地下通道等人流集中的地方，除布置一般楼梯外，还应布置电梯或扶梯以解决垂直交通问题，它们运行速度快，节省人力和时间。

电梯与
自动扶梯

1. 电梯

　　电梯也是建筑物中的垂直交通设施，根据《住宅设计规范》GB 50096—2011 规定七层及以上住宅必须设置电梯。在某些有具体要求的建筑中，为了上下运行的方便，也常装有电梯。

　　（1）电梯的分类

　　电梯按用途分乘客电梯、载货电梯、医用电梯、杂物电梯、消防电梯、观光电梯等，如图 5.5-1 所示。

　　乘客电梯：为运送乘客设计的电梯，要求有完善的安全设施以及一定的轿内装饰。

　　载货电梯：主要为运送货物而设计，通常有人伴随的电梯。

　　医用电梯：为运送病床、担架、医用车而设计的电梯，轿厢具有长而窄的特点。

　　杂物电梯：供图书馆、办公楼、饭店运送图书、文件、食品等设计的电梯。

　　消防电梯：在发生火警时，用来运送消防人员、乘客和消防器材等。

　　观光电梯：轿厢壁透明，供乘客观光用的电梯。

(a) 乘客电梯　　　　　　(b) 载货电梯　　　　　　(c) 观光电梯　　　　　　(d) 医用电梯

图 5.5-1　各种电梯

　　一般电梯在发生火灾时常常因为断电和不防烟火等而停止使用，消防电梯是在建筑物发生火灾时供消防人员进行灭火与救援使用且具有一定功能的电梯。如图 5.5-2 所示。

　　消防电梯应满足以下功能：

　　① 消防电梯前室安装有乙级防火门或具有停滞功能的防火卷帘。

　　② 消防电梯轿厢内设有专用消防电话。

　　③ 在首层电梯门口的适当位置设有供消防队员专用的操作按钮。操作按钮一般用玻璃片保护，并在适当位置设有红色的"消防专用"等字样。

　　④ 当正常电源断电时，非消防电梯内的照明无电，而消防电梯内仍有照明。

⑤ 消防电梯前室设有室内消火栓。

图 5.5-2 消防电梯

（2）电梯组成

电梯由机房、轿厢、配重、井道和坑底五部分组成，如图 5.5-3（a）所示。

① 机房：一般设在井道的顶部，主要用于安装机械设备。当建筑物有隔声功能要求时，机房的墙壁、地板、房顶应具有吸声功能，并在机房机座下设弹性垫层隔振，必要时在机房下部设置隔声层；机房必须通风。

② 轿厢：是电梯用以承载和运送人员和物资的箱形空间。轿厢内部净高度不应小于 2m，使用人员正常出入轿厢入口的净高度不应小于 2m。

③ 配重：电梯配重块是用来平衡轿厢的重量，保证电梯的正常运行。

④ 井道：是建筑中的垂直通道，极易引起火灾的蔓延，因此井道四周应为防火结构。一般采用钢筋混凝土（剪力墙结构）或砖砌（框架结构）。当井道内超过两部电梯时，需用防火围护结构隔开，如图 5.5-3（b）所示。

⑤ 坑底：是为了缓冲电梯停靠时的冲力，而设置缓冲器的底部空间。底坑要注意做好防水、防潮处理，不得渗水，坑底部应光滑平整，如图 5.5-3（c）所示。

(a) 电梯组成   (b) 电梯井道   (c) 电梯坑底

图 5.5-3 电梯

2. 自动扶梯

自动扶梯是一种连续运行的垂直交通设施，机器停转时可作普通楼梯使用。自动扶梯是电动机械牵动踏步连同扶手带一起循环运转。自动扶梯的坡道比较平缓，一般采用 30°。自动扶梯停运时不得作为安全疏散楼梯，如图 5.5-4 所示。

自动扶梯的常见布置方式如下：

（1）并联排列式：如图 5.5-4（a）所示，楼层交通乘客流动连续，外观豪华，但安装面积大。

（2）平行排列式：如图 5.5-4（b）所示，楼层交通不连续，但安装面积小。

（3）交叉排列式：如图 5.5-4（c）所示，客流连续且不发生混乱，安装面积小。

(a) 并联排列式　　　　　　　　(b) 平行排列式　　　　　　　　(c) 交叉排列式

图 5.5-4　自动扶梯

思维导图

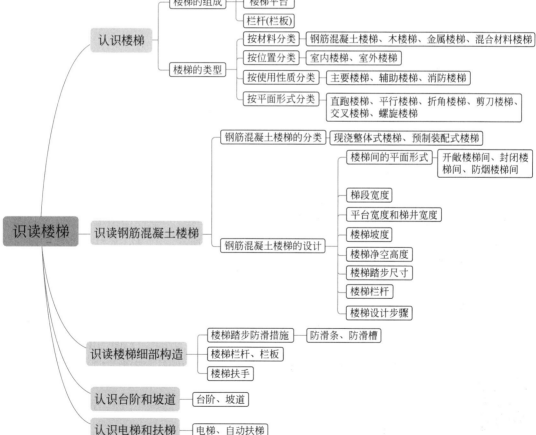

岗位任务 5 识读建筑施工图中的楼梯

岗位任务
图纸

岗位任务：识读建筑施工图中的楼梯，回答下列问题。

单选题

1. 对本工程室外台阶的尺寸（踏步宽×踏步高）描述正确的是（　　）。

A. 280×150
B. 460×150
C. 280×100
D. 280×125

2. 以下对本工程楼梯的描述，正确的是（　　）。

A. 楼梯共有五层，梯段宽 1.14m，休息平台宽 1.2m
B. 双跑楼梯，踏步宽为 0.25m，踏步高 0.15m
C. 不等跑楼梯，每层的踏步数都不同
D. 板式楼梯，梯井宽 0.15m，梯段宽 1.02m

3. 本工程电梯基坑深度是（　　）。

A. 1.2m
B. 1.0m
C. 0.6m
D. 0.5m

4. 关于本工程楼梯栏杆的设置，正确的是（　　）。

A. 水平栏杆高度 1.15m，栏杆间距小于 0.11m
B. 栏杆高度 1.15m，栏杆净距 0.11m
C. 水平栏杆高度 1.15m，栏杆间距 0.11m
D. 栏杆高度 1.15m，栏杆净距小于 0.11m

5. 设置电梯间时，其基坑地板设置（　　）。

A. JS 防水涂料
B. 密封膏防水
C. SBS 防水涂料
D. 防水砂浆

6. 对本工程室梯井宽度（mm）为（　　）。

A. 150
B. 100
C. 200
D. 160

7. 本工程一楼踏步的尺寸（mm）是（　　）。

A. 280×150
B. 168×250
C. 250×168
D. 250×150

8. （　　）楼梯不可以作为疏散楼梯。

A. 直跑楼梯
B. 交叉楼梯
C. 螺旋楼梯
D. 平行双跑楼梯

9. 首层楼梯平台下要做通道，其净高不应小于（　　）。

A. 2200mm
B. 2000mm
C. 1950mm
D. 2400mm

10. 梁式楼梯梯段由（　　）几部分组成。

Ⅰ. 平台　Ⅱ. 栏杆　Ⅲ. 梯斜梁　Ⅳ. 踏步板

A. Ⅰ　Ⅱ
B. Ⅱ　Ⅳ
C. Ⅱ　Ⅲ
D. Ⅲ　Ⅳ

11. 供残疾人使用的坡道，靠墙面的扶手的起点和终点处应水平延伸不小于（　　）的长度。

A. 0.3m
B. 0.36m
C. 0.4m
D. 0.35m

参考答案

项目 **6** 识读屋顶

知识目标

1. 了解屋顶类型和设计要求；
2. 掌握平屋顶防水的构造做法；
3. 了解屋顶保温、隔热的构造要求及做法。

能力目标

1. 能够辨别屋顶类型；
2. 能够识读图纸中屋顶相关内容。

素质目标

1. 通过了解古建筑屋顶的多样性，树立建筑文化自信；
2. 通过学习屋顶构造做法、细部构造要求等，培养注重细节、敬业专注的工匠精神。

 高屋建瓴

原典：地势便利，其以下兵于诸侯，譬犹居高屋之上建瓴水也。

——【西汉】司马迁《史记·高祖本纪》

释义：大夫田肯劝高祖刘邦：秦占据了这么有利的军事要地，如果您要对诸侯用兵，那就好像是在高高的屋檐上，居高临下地朝檐下倒一瓶水那么容易啊！

解读：登高才能远眺，站在高处才能将所有的景物看在眼底。唯有处在一种居高临下的态势之中，才能掌控好所有事情的发展。"高屋建瓴"需要人有一种超越平凡的气概和胆略，在高远立意指导下，从全局观念了解事物的全貌，以充满智慧且独特的方式充分地展示自己的能力，将事情的发展推向一种极致。看问题要站在一个相对高的角度观察，要有一种全局观。只有这样才不会失之偏颇，能够客观地分析问题，从而有效地解决问题。

任务 6.1 认识屋顶

屋顶的作用
及类型

导读：屋顶是建筑最上部起承重和围护作用的重要构件。屋顶抵挡自然界的风霜雨雪，承受温差变化，它的细部构造做法直接影响室内的使用感受，可见屋顶设计对建筑物的重要性。

6.1.1 屋顶的作用与类型

1. 屋顶的作用

承重：屋顶是建筑最上部的水平承重构件，它承受使用荷载、自重、积雪等多种荷载。

围护：屋顶作为建筑最上部的围护构件，起防御自然界的风、雨、雪、太阳辐射和冬季低温等作用。

装饰：屋顶的造型、色彩表达不同建筑文化，对建筑形象起着装饰作用。

屋顶除承重、围护和装饰作用外，还有一些特殊用途。

2. 屋顶的类型

（1）按屋顶外形划分，有平屋顶、坡屋顶和曲面屋顶，如图 6.1-1 所示。

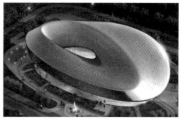

(a) 平屋顶　　　　　　　　　(b) 坡屋顶　　　　　　　　　(c) 曲面屋顶

图 6.1-1　按外形划分屋顶类型

平屋顶并不是绝对水平的，由于排水需求，一般设置 2%～3% 的坡度。平屋顶分上人屋顶和不上人屋顶，上人屋顶可以拓展建筑使用空间，是一种常用的屋顶形式。

坡屋顶的坡度较大，排水速度快，主要有单坡、双坡、四坡等多种形式，如图 6.1-2 所示。

在中国古建筑中，坡屋顶的形式是多种多样的。双坡屋顶两端与山墙砌平的称硬山（图 6.1-3a），两端出挑在山墙外的称悬山（图 6.1-3b）。五脊四坡式屋顶称庑殿，即前后两坡相汇形成一条正脊，左右两坡共四条垂脊交汇于正脊的两端（图 6.1-3c）。正脊两侧形成两个垂直的三角形墙面的称歇山（图 6.1-3d）。瓦线交汇在一点，并在此点布置宝顶的称攒尖（图 6.1-3e）。

曲面屋顶为由各种薄壁壳体或悬索结构形成曲面的空间结构，如拱形、球形、双曲面等结构，这种结构的内力分布均匀合理，节约用材，适用于大跨度、大空间和造型特殊的

(a) 单坡

(b) 双坡

(c) 四坡

图 6.1-2 坡屋顶类型

(a) 硬山

(b) 悬山

(c) 庑殿

(d) 歇山

(e) 攒尖

图 6.1-3 中国古建筑坡屋顶类型

建筑屋顶。

（2）按屋顶的使用功能划分，有蓄水屋顶、种植屋顶、采光屋顶及隔热屋顶等，如图 6.1-4 所示。

(a) 蓄水屋顶

(b) 种植屋顶

(c) 采光屋顶

(d) 隔热屋顶

图 6.1-4 按使用功能划分屋顶类型

还有一些特殊用途的屋顶，如图 6.1-5 所示。

(a) 操场屋顶

(b) 停机坪屋顶

(c) 泳池屋顶

(d) 停车场屋顶

图 6.1-5　特殊用途的屋顶

（3）按组成屋顶的材料划分，有钢筋混凝土屋顶、金属屋顶、玻璃屋顶和瓦屋顶等，如图 6.1-6 所示。

(a) 钢筋混凝土屋顶

(b) 金属屋顶

(c) 玻璃屋顶

(d) 瓦屋顶

图 6.1-6　按屋顶材料划分屋顶类型

（4）按结构类型划分，有屋架结构屋顶、梁板结构屋顶、网架结构屋顶以及膜结构屋顶等，如图 6.1-7 所示。

在以上多种屋顶类型中，本项目主要讲解按外形划分屋顶类型中的平屋顶和坡屋顶。

6.1.2　屋顶的组成及设计要求

1. 屋顶的组成

屋顶一般由顶棚层、结构层、附加层和面层等几部分组成。

（1）顶棚层

顶棚层是屋顶最下部的构造层，也是顶层房间的天花板面层。屋顶顶棚

屋顶的组成

(a) 屋架结构屋顶

(b) 梁板结构屋顶

(c) 网架结构屋顶

(d) 膜结构屋顶

图 6.1-7　按结构类型划分屋顶类型

作用和构造做法与楼层的顶棚层相同。

（2）结构层

结构层是承受荷载的面层，它将荷载传递给墙或柱等竖向承载构件，最常见的结构层是钢筋混凝土板。

（3）附加层

附加层是满足建筑屋顶不同功能要求的构造层，如找坡层、防水层、隔汽层、保温层、找平层等。

（4）面层

面层是屋顶最上面的构造层，它直接承受自然界的各种作用，对下部各构造层具有保护作用。

2. 屋顶的设计要求

在设计屋顶时，应满足人们对建筑的结构、功能和审美三方面的要求。

屋顶的设计
要求

（1）结构要求

屋顶作为建筑最上部的受力构件，必须具有足够的强度和刚度，以保证其具有足够的承载能力和抵抗变形的能力。

（2）功能要求

屋顶作为建筑的围护构件，应能够抵御各种自然因素的侵袭，具备一定的防水、保温隔热性能。

建筑识图与构造

防水要求。《屋面工程技术规范》GB 50345—2012 中规定，屋顶防水工程应根据建筑物的类别、重要程度、使用功能要求确定防水等级，并应按相应等级进行防水设防；对防水有特殊要求的建筑屋面，应进行专项防水设计。屋面防水等级和设防要求应符合表 6.1-1 的规定。

表 6.1-1

屋面防水等级和设防要求

防水等级	建筑类别	设防要求
Ⅰ级	重要建筑和高层建筑	两道防水设防
Ⅱ级	一般建筑	一道防水设防

保温隔热要求。我国疆域宽广，各地气候差异较大。北方冬季寒冷，为防止室内热量流失，屋顶需采取保温措施；南方夏季炎热，为防止室外高温传递到室内，屋顶需进行隔热处理。

（3）审美要求

为了达到建筑的美观效果，能够更好地展现建筑物的特点，在设计屋顶时，需要考虑建筑物的风格、结构形式、材料质地、排水系统等多种因素，同时还要考虑与周围环境的协调性，使屋顶与建筑物整体风格相一致。

任务 6.2　识读屋顶细部构造

屋顶按照外形划分为平屋顶、坡屋顶、曲面屋顶。其中平屋顶外形与各层楼面相似，以平面的形式呈现。虽为平面，但因屋顶排水要求，平屋顶也有一定坡度，一般为 2%～3%。为满足屋顶的功能要求，需采取排水、防水、保温和隔热等方面的构造措施。

6.2.1　排水

屋顶作为建筑围护构件，长期受到自然界雨水的侵蚀。为了提高其耐久性能，通常采用"防排结合"的做法，"排"即排水，在设计与施工过程中，对屋顶进行排水坡度设计，使其能尽快地将雨水排至地面，减少雨水对屋顶渗透的可能。为了迅速排除屋顶雨水，需进行周密的排水设计，其内容包括：选择屋顶排水坡度，确定屋顶排水方式，屋顶排水组织设计。

屋顶
排水坡度

1. 屋顶排水坡度

平屋顶排水坡度完成后的效果如图 6.2-1 所示。

（1）坡度表示方法

常用的排水坡度表示方法有斜率法、百分比法和角度法。斜率法以屋顶倾斜面的垂直投影长度与水平投影长度之比来表示，如 1∶2、1∶4 等；百分比法以屋顶倾斜面的垂直投影长度与水平投影长度之比的百分比值来表示，如 $i=1\%$、$i=2\%～3\%$ 等；角度法以屋顶倾斜面与水平面所成夹角的大小来表示，如 15°、30°、45° 等，如图 6.2-2 所示。

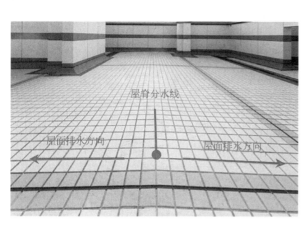

图 6.2-1 平屋顶排水

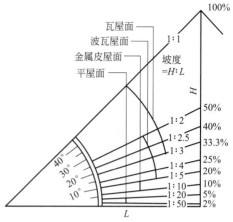

图 6.2-2 屋顶坡度的表示方法

【识读案例】如图 6.2-3 所示，（a）图为上人平屋顶，排水坡度为 2%；（b）图为坡屋顶的局部大样，坡度为 22°。

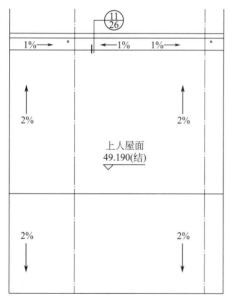

(a) 平屋顶排水坡度

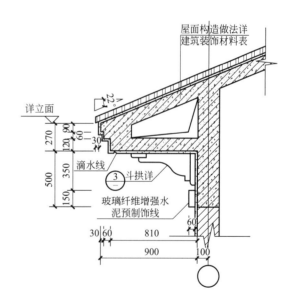

(b) 坡屋顶排水坡度

图 6.2-3 屋顶排水坡度

（2）排水坡度形成

平屋顶排水坡度的形成方式主要有两种，一是建筑找坡，二是结构找坡。

1）建筑找坡。建筑找坡也叫垫置找坡、材料找坡，屋顶结构板水平放置，在板面上铺填轻质材料（如水泥炉渣、陶粒混凝土等）以形成需要的平屋顶坡度，找坡层最薄处的厚度不宜小于 20mm，如图 6.2-4（a）所示。建筑找坡优点是室内顶棚平整。

2）结构找坡。结构找坡又称搁置找坡，将屋顶板倾斜搁置，利用结构本身起坡至所需坡度，不在屋顶上另加找坡材料。其优点是省工、省料、构造简单；缺点是室内顶棚是倾斜的，如图 6.2-4（b）所示。其适用于对室内美观要求不高、设有吊顶的建筑，或跨度较大的平屋顶。

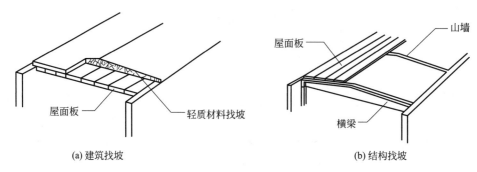

(a) 建筑找坡　　　　　　　　　　　　(b) 结构找坡

图 6.2-4　屋顶找坡形式

【识读案例】如图 6.2-5 所示为某屋顶工程做法，其中"＜6＞1：6 水泥焦渣找坡，最薄处 30 厚"即为建筑找坡。

屋面　1：（不上人平屋面）
＜1＞40厚C20细石混凝土随捣随抹，内配 Φ6@150双向钢筋
＜2＞0.8厚土工布隔离层
＜3＞3厚SBS高聚物改性沥青防水卷材（聚酯胎）
＜4＞1.5厚防水涂料（聚氨酯涂膜）
＜5＞20 厚1：3 水泥砂浆找平层
＜6＞1：6水泥焦渣找坡，最薄处30厚
＜7＞30 厚挤塑聚苯板
＜8＞现浇钢筋混凝土屋面板

图 6.2-5　某屋顶工程做法

2. 屋顶排水方式

屋顶排水方式，通常需要根据实际情况进行选择，如屋顶的高度、形状、排水量和排水速度、建筑物功能和用途以及地区气候和环境条件等因素。在选择排水方式时，还需要注意保证排水系统的顺畅。屋顶的排水方式分为无组织排水和有组织排水两种。

（1）无组织排水

屋顶的排水方式

无组织排水，又称自由落水，是指屋顶雨水直接从檐口落下到室外地面的一种排水方式，如图 6.2-6 所示。其优点是构造简单、造价低，施工方便；其缺点是，雨水自由落下易污染墙面。适用于少雨地区、低层建筑或次要建筑的坡屋顶。无组织排水的挑檐尺寸不宜小于 0.6m。

（2）有组织排水

有组织排水是指屋顶雨水通过排水系统［包括天沟（檐沟）、雨水口、雨水管等］有组织地将雨水排至地面或地下管沟的一种排水方式，如图 6.2-7 所示。这种排水方式虽然构造较复杂、造价相对较高，但是可以防止雨水自由溅落打湿墙身，从而不影响建筑美观，因此在建筑工程中应用广泛。

图 6.2-6 无组织排水

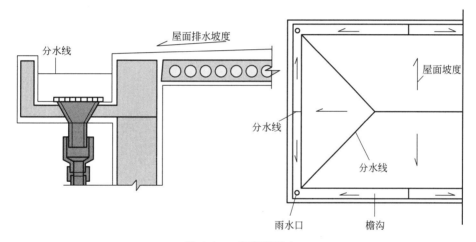

图 6.2-7 有组织排水

在工程实践中，由于具体条件的不同，有外排水、内排水、内外排水等多种有组织排水方案。

根据排水管在建筑物外部还是内部，有组织排水可分为外排水和内排水。

1）外排水

外排水是指屋顶雨水通过天沟（檐沟）沿着设置于建筑外部的雨水管排至室外地面的一种排水方式。外排水方式不占用室内空间，不影响室内的美观及生活环境，构造简单，实际工程中比较常见，但在一定程度上影响建筑物外观。外排水有不同的做法，常见的有檐沟外排水、女儿墙外排水等，如图 6.2-8 所示。

2）内排水

内排水是指屋顶雨水通过天沟（檐沟）沿着设置于建筑内部的雨水管排入地下雨水管网的一种排水方式。内排水水落管在室内接头多，构造相对复杂，易造成渗漏，下雨天雨水管内排水声音一定程度上影响室内生活，但不影响室外美观，寒冷地区不会使水落管冰冻堵塞，如图 6.2-9 所示。

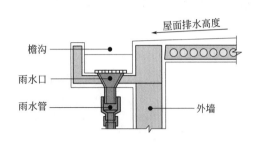

(a) 檐沟外排水

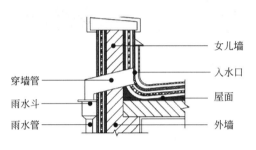

(b) 女儿墙外排水

图 6.2-8　外排水

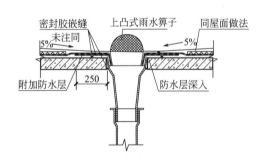

(a) 檐沟内排水

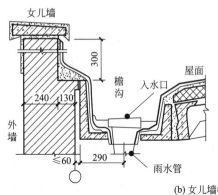

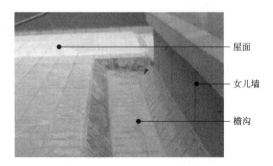

(b) 女儿墙檐沟内排水

图 6.2-9　内排水

3. 屋顶排水组织

屋顶排水组织设计就是把屋顶划分成若干个排水区，将各区的雨水分别引向各雨水管，使排水线路短捷，雨水管负荷均匀，排水顺畅。进行屋顶排水组织设计时，一般从以下几个方面考虑：

（1）划分排水区

在屋顶排水组织设计时，首先应根据屋顶形式、屋顶面积、屋顶高低层的设置等情况，将屋顶划分成若干排水区域，根据排水区域确定屋顶排水线路，线路的设置应确保屋顶排水通畅。

排水分区的大小一般按一个雨水口负担 $150\sim200m^2$ 屋顶面积的雨水考虑，屋顶面积按水平投影面积计算，如图 6.2-10 所示。

图中分水线是不同方向找坡排水的交接线，起组织排水作用，屋顶雨水自分水线向两侧分流排下。

屋顶的排水组织

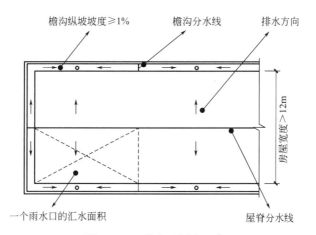

图 6.2-10 排水区划分示意

（2）确定排水坡面数目

屋顶排水线路不宜过长，因而对屋顶宽度小于 12m 的建筑，可采用单坡排水；当宽度大于 12m 时，宜采用双坡排水。坡屋顶应结合建筑造型要求选择单坡、双坡或四坡排水，如图 6.2-11 所示。

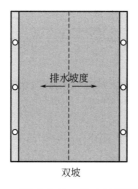
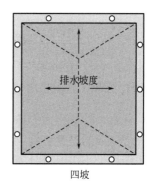

图 6.2-11 排水坡面数目

（3）确定天沟（檐沟）尺寸与纵坡坡度

天沟（檐沟）的功能是汇集和排出屋顶雨水。天沟（檐沟）的过水断面，应根据屋顶汇水面积的雨水流量经计算确定。钢筋混凝土天沟（檐沟）净宽不应小于300mm，分水线处最小深度不应小于100mm，深度过小，则雨水易由天沟边溢出，导致屋顶渗漏。

天沟（檐沟）应做纵向坡度，采用材料找坡的天沟（檐沟）内的纵向坡度不应小于10‰；采用结构找坡的金属天沟（檐沟）内的纵向坡度宜为5‰（图6.2-12）。

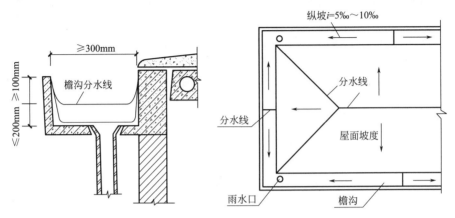

图6.2-12　檐沟尺寸与纵坡坡度

（4）确定雨水口间距和雨水管规格

一般情况下雨水口间距宜为18~24m。水落管的间距不宜过大，否则会导致沟内排水路线过长，大雨时雨水易溢向屋顶引起渗漏或从檐沟外侧涌出，如图6.2-13所示。

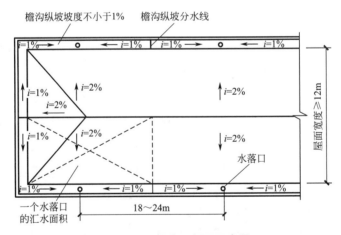

图6.2-13　雨水口间距示意图

雨水管根据材料分为铸铁、塑料、镀锌铁皮、钢管等多种，根据建筑物的耐久性加以选择。最常采用的是塑料管，其管径有75mm、100mm、125mm、150mm、200mm等规格，具体管径大小需经过计算确定。安装时，雨水管距墙面的距离不小于120mm，用管箍卡牢，管箍间距不宜大于1.2m。

【识读案例】图6.2-14（a）所示是某工程的建筑施工图设计说明中关于屋顶工程的部

分。由其中 7.3 条可知，该屋顶雨水管选用 UPVC 材料（UPVC 管为硬聚氯乙烯管，PVC 管为聚氯乙烯管。UPVC 管耐腐蚀性能会比 PVC 管更好，也比 PVC 管更轻，但是 UPVC 管的耐老化、抗冲击性能不如 PVC 管好），雨水管的公称直径均为 DN100。图 6.2-14（b）所示为该建筑屋顶平面图的局部，该屋顶属于有组织排水类型中的檐沟外排水形式。屋顶排水坡度为 2%，檐沟宽度 560mm，檐沟排水坡度为 1%。图 6.2-14（c）所示为该檐沟局部大样图，檐沟深度 350mm。

7. 屋面工程

7.1 本工程的屋面防水等级为Ⅱ级，设防做法详见"工程做法"；

7.2 屋面、露台、雨蓬做法及节点索引详见相关各层平面图；

7.3 屋面排水组织见屋面平面图，内排水雨水管见水施图，外排雨水斗、雨水管材料采用UPVC，除图中另有注明者外，雨水管的公称直径均为DN100；

7.4 屋面上的各设备基础的防水构造详见图集《平屋面建筑构造》（12J201）。

(a) 工程做法

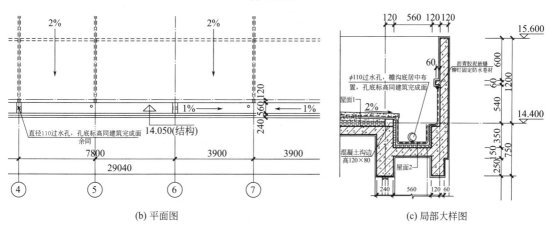

(b) 平面图　　　　　　　　　　　　　　(c) 局部大样图

图 6.2-14　屋顶排水识读案例

6.2.2　防水

"防排结合"的做法中，"防"即防水，是指在设计与施工过程中，采用防水材料阻止雨水、雪水等渗入建筑物内部的一种构造措施。

屋顶防水做法与地下室防水做法类似，主要包括卷材防水、涂料防水和刚性防水等形式。屋面防水等级、设防要求以及防水做法应符合表 6.2-1 的规定。

屋面防水等级、设防要求和防水做法　　　　　　　　　　表 6.2-1

防水等级	建筑类别	设防要求	防水做法
Ⅰ级	重要建筑和高层建筑	两道防水设防	卷材防水层和卷材防水层、卷材防水层和涂膜防水层、复合防水层
Ⅱ级	一般建筑	一道防水设防	卷材防水层、涂膜防水层、复合防水层

1. 屋顶防水构造层次

屋顶防水构造层次由结构层、保温层、找坡层、找平层、结合层、防水层和保护层组成。

屋顶各构造层次如图 6.2-15 所示。

屋顶防水构造层次

保护层(银粉涂剂)
防水层(防水卷材或防水涂料)
结合层(与防水材料配套制品)
找平层(20厚1:3水泥砂浆)
保温层(水泥珍珠岩,厚度按设计)
找坡层(1:6水泥焦渣2%～3%)
结构层(钢筋混凝土楼板)
顶棚(轻钢龙骨吊顶)

图 6.2-15 屋顶构造层次示意

1) 结构层

通常为预制或现浇钢筋混凝土屋面板,是建筑物顶部的横向承重构件。作为支撑屋顶上所有荷载的层次,要求其具有足够的强度和刚度。

2) 保温层

通常采用轻质、多孔和导热系数小的材料,减少室内外热量传递,保证室内的舒适度,满足建筑节能的需要。

3) 找坡层

找坡层适用于材料找坡,应选用轻质材料形成所需要的排水坡度,2%为宜。通常是在结构层上铺1:(6～8)的水泥焦渣或水泥膨胀蛭石等轻质材料。

4）找平层

防水层要求设置在坚固而平整的基层上，因此必须在结构层或找坡层上设置找平层，一般采用 1∶3 水泥砂浆等。

5）结合层

结合层是使防水层与基层结合牢固的配套基层处理剂。

6）防水层

卷材防水层，是指利用防水卷材与胶粘剂结合，形成连续致密的防水层。由于卷材具有一定的延伸性和适应变形的能力，又被称作柔性防水层。

根据屋顶坡度不同，卷材铺贴方向不同。当屋顶坡度小于 3％，卷材平行屋脊铺贴，由屋檐处向屋脊处依次铺贴；当坡度在 3％～5％，卷材平行或垂直于屋脊铺贴；当坡度大于 15％或屋顶易受震动，则垂直于屋脊铺贴。如图 6.2-16 所示。

(a) 卷材平行屋脊铺贴示意图　　　　　　　　(b) 卷材垂直屋脊铺贴示意图

图 6.2-16　屋顶卷材铺贴方向

卷材搭接宽度应符合一定要求，相邻两幅卷材短边搭接缝应错开，且不得小于 500mm；上下层卷材长边搭接缝应错开，且不得小于幅宽的 1/3，如图 6.2-17 所示。

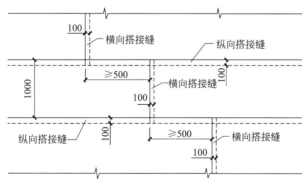

图 6.2-17　卷材搭接示意图

涂膜防水层，是指在屋顶基层上涂刷防水涂料，经固化后形成一层有一定厚度和弹性的整体涂膜，从而达到防水目的的一种防水层，如图 6.2-18 所示。

防水涂料应多遍均匀涂抹，前一层干燥成膜后，再涂下一层，前后两层涂抹方向相互

(a) 刷涂　　　　　　　　　　　　　　　(b) 喷涂

图 6.2-18　涂膜防水屋顶

垂直。涂膜总厚度应符合表 6.2-2 要求。

每道涂膜防水层厚度（mm）　　　　　　　　　表 6.2-2

防水等级	合成高分子防水涂膜	聚合物水泥防水涂膜	高聚物改性沥青防水涂膜
Ⅰ 级	1.5	1.5	2.0
Ⅱ 级	2.0	2.0	3.0

涂膜施工应先做好细部处理，再进行大面积涂抹，涂抹的方法根据涂料类型的不同可采用滚涂、喷涂、刷涂和刮涂等。

7）保护层

保护层作用是保护防水层，延缓防水材料老化，增加其使用年限，按屋顶是否上人，有两种做法。

① 不上人屋顶的保护层构造。可采用丙烯酸系浅色反射涂料、0.05mm 厚铝箔反射膜、20mm 厚 1∶2.5 水泥砂浆（应设分格缝，分格面积宜为 1m²）等。

② 上人屋顶的保护层构造。在防水层上用水泥砂浆铺贴缸砖、大阶砖、预制混凝土板等；或者在防水层上浇筑 40mm 厚 C20 细石混凝并设分格缝，缝宽 10～20mm，纵横间距不大于 6m，并用密封材料嵌填密实。

【识读案例】图 6.2-19 所示为建筑施工图中平屋顶的构造做法。图（a）是屋顶局部详图，从图中可知，檐沟处为屋面 2 做法，上人屋顶处为屋面 1 做法。图（b）和图（c）是建筑工程做法表中分别对应的两种屋面工程做法。屋面 1 按照从下往上顺序，构造层次依次是结构层、保温层、找坡层、找平层、防水层、隔离层、保护层；屋面 2 按照从下往上顺序，构造层次依次是结构层、找坡兼保温层、防水层、防水层兼保护层。

2. 平屋顶防水细部构造

屋顶防水层在转折、收口部位以及屋顶开设孔洞处，易形成防水的薄弱部位而造成渗漏，为了保证屋顶防水层的整体性，必须对这些部位加强防水处理。

（1）泛水

泛水指屋顶防水层沿所有垂直面设置的防水收口构造。如突出于屋顶之上的女儿墙、

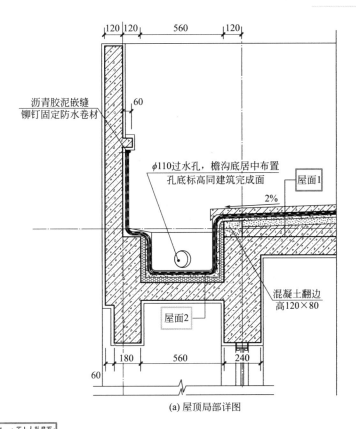

(a) 屋顶局部详图

屋面 1：（不上人平屋面）
<1> 40厚C20细石混凝土随捣随抹，内配 φ6@150 双向钢筋（保护层）
<2> 0.8厚土工布隔离层 （隔离层）
<3> 3厚SBS高聚物改性沥青防水卷材（聚酯胎）（防水层）
<4> 1.5厚防水涂料（聚氨酯涂膜）（防水层）
<5> 20厚1：3水泥砂浆找平层 （找平层）
<6> 1：6水泥焦渣找坡，最薄处30厚 （找坡层）
<7> 30厚挤塑聚苯板 （保温层）
<8> 现浇钢筋混凝土屋面板 （结构层）

(b) 屋面1工程做法

屋面 2：（建筑内檐沟）
<1> 3厚 SBS高聚物改性沥青防水卷材（带保护层）（防水兼保护层）
<2> 附加3.0厚高聚物改性沥青防水涂膜 （防水层）
<3> 1.5厚高聚物改性沥青防水涂膜 （防水层）
<4> 泡沫混凝土找坡兼保温，坡度1%，最薄处30厚（找坡兼保温层）
<5> 现浇钢筋混凝土屋面板 （结构层）

(c) 屋面2工程做法

图 6.2-19 屋顶构造识读案例

烟囱、楼梯间等的竖向墙面与屋顶的交接处，必须将屋顶防水层延伸到这些垂直面上并收口密封，形成立铺的防水层。

泛水的构造要点及做法为：在屋顶与垂直面的交接缝处，卷材下的砂浆找平层应抹成圆弧角，上刷卷材胶粘剂，先铺贴一层附加卷材，再将屋顶的卷材继续铺至垂直墙面上，形成卷材泛水，泛水高度不小于 250 mm，做好卷材收头固定并密封，如图 6.2-20 所示。

卷材收头做法一般有三种：（a）卷材收头直接铺至女儿墙压顶下，用压条钉压固定并用密封材料封闭严密，压顶应作防水处理；（b）在垂直墙中凿出水平通长凹槽，将卷材收头压入凹槽内，用防水压条钉压后再用密封材料嵌填封严，外抹水泥砂浆保护，凹槽上部的墙体亦应做防水处理；（c）墙体为混凝土时，卷材收头可采用金属压条钉压，并用密封材料封固。如图 6.2-21 所示。

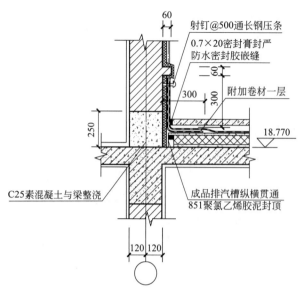

图 6.2-20　泛水详图

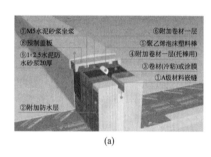

(a)

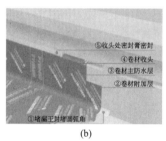

(b)

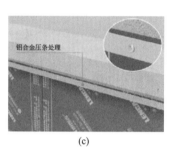

(c)

图 6.2-21　三种卷材收头做法

（2）檐口

檐口通常为屋顶的边缘处。防水构造要求主要有：檐口 800mm 范围内卷材应满粘；卷材收头采用金属压条钉压，并用密封材料封严。涂膜收头用涂料多遍涂刷；下端做鹰嘴和滴水槽，如图 6.2-22 所示。

（3）檐沟

檐沟指房屋屋檐处设置的排水沟槽，通常是有组织排水的构造措施。檐沟构造要点有：

① 防水层下设附加层，附加层延伸入屋顶宽度不小于 250mm。如图 6.2-23 所示。

② 防水层和附加层由沟底上翻至外侧顶部，卷材收头用金属压条钉压，密封材料封严。涂膜收头用防水涂料多遍涂刷。

③ 檐沟外侧下端做鹰嘴或滴水槽。

④ 檐沟外侧高于屋顶结构板时，应设置溢水口。

（4）雨水口

雨水口是指屋顶上的排水口，它的主要作用是排除屋顶上的雨水，防止雨水对屋顶造成渗漏和侵蚀。对雨水口的要求是排水通畅、防止渗漏。雨水口的类型有用于檐沟排水的直管式雨水口和女儿墙外排水的弯管式雨水口两种，如图6.2-24所示。

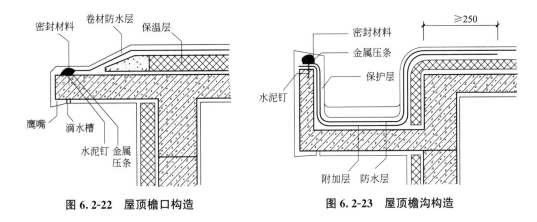

图6.2-22 屋顶檐口构造　　　　图6.2-23 屋顶檐沟构造

直管式雨水口为防止其周边漏水，应加铺一层卷材并贴入连接管内100mm，雨水口上用定型铸铁罩或铁丝球盖住，用油膏嵌缝。

弯管式雨水口穿过女儿墙预留孔洞内，屋顶防水层应铺入雨水口内壁四周不小于100mm，并安装铸铁算子以防杂物流入造成堵塞。

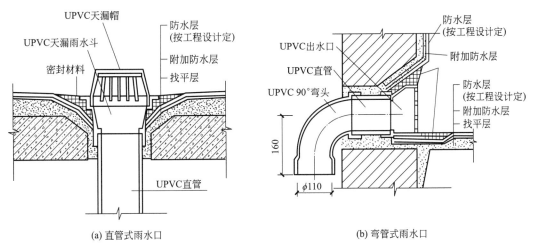

(a) 直管式雨水口　　　　(b) 弯管式雨水口

图6.2-24 雨水口构造

（5）出屋顶管道

出屋顶的管道包括伸出屋顶的通风管道、排水管道、供热管道等。伸出屋顶的管道周围找平层应抹成圆弧角，管道与找平层间应留凹槽，并嵌填密封材料，上刷卷材胶粘剂，先铺贴一层附加卷材，再将屋顶的卷材继续铺至管道垂直面上，管道上的防水层收头处应用金属箍紧固，并用密封材料封严。管道根部增设的附加卷材，在平面和立面的宽度均不应小于250mm。如图6.2-25所示。

（6）变形缝

变形缝是指在建筑物中预留缝隙，以防止由于温度变化以及地基不均匀沉降等原因产生裂缝。

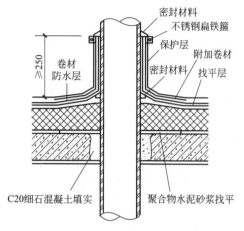

图 6.2-25　出屋顶管道防水构造

变形缝的防水构造层次如图 6.2-26 所示。

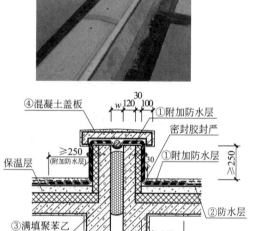

(a) 金属盖板　　　　　　　　　　　(b) 混凝土盖板

图 6.2-26　等高屋顶变形缝构造

① 附加防水层：在变形缝上方铺设一层合成高分子附加卷材，并确保卷材覆盖整个变形缝。附加防水卷材在平面和立面的宽度不应小于 250mm。

② 防水层：在变形缝两侧的找平层上铺设防水卷材，并确保卷材覆盖整个变形缝。

③ 填充物：在防水卷材上再铺设一层聚乙烯泡沫塑料棒等材料，并确保其填充到变形缝内。

④ 盖板：使用细石混凝土或不锈钢盖板将整个防水处理结构覆盖并压实。

坡屋顶防水
细部构造

3. 坡屋顶防水细部构造

坡屋顶防水层在屋脊、檐口、天沟等部位，易形成防水的薄弱部位而造成渗漏，为了保证屋顶防水层的整体性，必须对这些部位加强防水处理。

（1）屋脊部位构造，如图 6.2-27 所示：屋脊部位应增设防水垫层附加层，宽度不应小于 500mm；防水垫层应顺流水方向铺设和搭接。

（2）檐口部位构造，如图 6.2-28 所示：檐口部位应增设防水垫层附加层。严寒地区或大风区域，应采用自粘聚合物沥青防水垫层加强，下翻宽度不应小于 100mm，屋顶铺设宽度不应小于 900mm；金属泛水板应铺设在防水垫层的附加层上，并伸入檐口内；在金属泛水板上应铺设防水垫层。

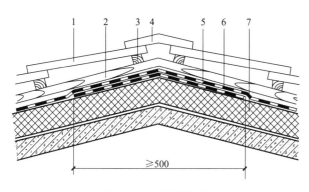

图 6.2-27　屋脊构造

1—块瓦；2—顺水条；3—挂瓦条；4—脊瓦；
5—防水垫层附加层；6—防水垫层；
7—保温隔热层图

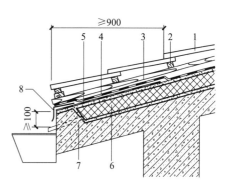

图 6.2-28　檐口构造

1—块瓦；2—挂瓦条；3—顺水条；4—防水
垫层；5—防水垫层附加层；6—保温隔热层；
7—排水管；8—金属泛水板

（3）钢筋混凝土檐沟部位构造，如图 6.2-29 所示：檐沟部位应增设防水垫层附加层；檐口部位防水垫层的附加层应延展铺设到混凝土檐沟内。

（4）天沟部位构造，如图 6.2-30 所示：天沟部位应沿天沟中心线增设防水垫层附加层，宽度不应小于 1000mm；铺设防水垫层和瓦材应顺流水方向进行。

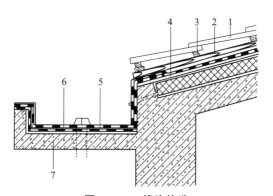

图 6.2-29　檐沟构造

1—瓦；2—顺水条；3—挂瓦条；4—保护层
（持钉层）；5—防水垫层附加层；6—防水
垫层；7—钢筋混凝土檐沟

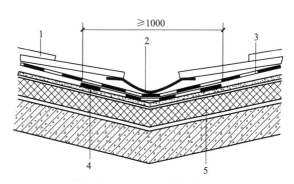

图 6.2-30　天沟构造

1—块瓦；2—成品天沟；3—防水垫层；
4—防水垫层附加层；5—保温隔热层

【识读案例】图 6.2-31 所示为某别墅建筑施工图中关于坡屋顶构造的内容。

图 (a) 是坡屋顶的平面图，该坡屋顶有烟囱、天窗、老虎窗（坡屋顶采光用窗）、雨水口、檐沟等构件；图中箭头方向为排水方向，檐沟坡度为 2%。

图 (b) 是坡屋顶工程做法，该坡屋顶防水等级为Ⅱ级，构造层次按照从下往上顺序依次为：现浇混凝土屋面板，20mm 厚 1：2 水泥砂浆找平层，卷材防水层，0.15mm 厚聚乙烯薄膜隔离层，25mm 厚聚苯乙烯板保温层，30mm 厚 C20 细石混凝土保护层，屋面瓦面层。

图 (c) 是坡屋顶檐口一大样，该坡屋顶坡度为 30°，檐沟宽 300mm，沟内横向坡度 1%，构造层次从下往上依次为结构板、20mm 厚 1：2 水泥砂装、附加防水卷材一道、防水卷材一道、1mm 厚钢板网@300mm 用射钉固定、20mm 厚 1：2.5 水泥砂浆保护层；防水封口处用射钉固定防水卷材，间距 500mm，再用密封膏封严。

图 (d) 是天窗大样，天窗平行坡屋顶设置。

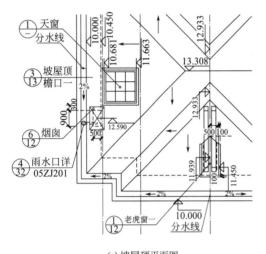

(a) 坡屋顶平面图

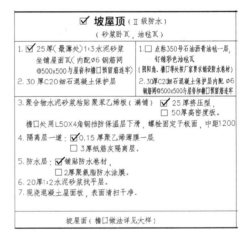

(b) 坡屋顶工程做法

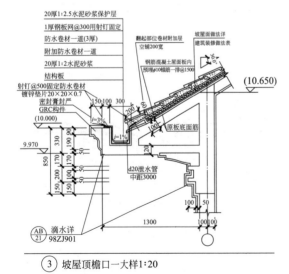

(c) 檐口大样图

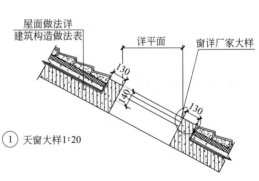

(d) 天窗大样图

图 6.2-31　坡屋顶识读案例

6.2.3　保温

寒冷地区的建筑或对室内有保温要求的建筑，屋顶应作保温处理，以减少室内热量损失，降低能耗；提高墙体防水、气密性及隔声效果；保护主体结构，延长建筑物寿命。

屋顶的保温与隔热

1. 保温层材料

保温层应根据屋顶所需的传热系数或热阻，选择轻质、高效的保温材料，应符合表 6.2-3 的规定。

保温层类型及其保温材料　　　　　　　　　　　　　　　　表 6.2-3

保温层类型	保温材料
板状材料保温层	聚苯乙烯泡沫材料,硬质聚氨酯泡沫塑料,膨胀珍珠岩制品,泡沫玻璃制品,加气混凝土砌块,泡沫混凝土砌块
纤维材料保温层	玻璃棉制品,岩棉、矿渣棉制品
整体材料保温层	喷涂硬泡聚氨酯,现浇泡沫混凝土

板状保温材料、纤维保温材料和整体保温材料如图 6.2-32 所示。

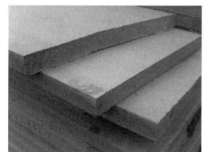

(a) 板状保温材料　　　　　　　(b) 纤维保温材料　　　　　　　(c) 整体保温材料

图 6.2-32　保温材料

2. 保温层构造

保温层的位置一般有两种：

正置式保温层：将保温层放在结构层之上、防水层之下，成为封闭的保温层，如图 6.2-33 所示。这种形式构造简单、施工方便，目前被广泛采用。其保温材料一般为热导率小的轻质、疏松、多孔或纤维材料，如石、岩棉、膨胀珍珠岩等。

倒置式保温层：将保温层放在防水层上，如图 6.2-34 所示。其优点是保温层对防水层起到一个屏蔽和防护的作用，使之不受阳光和气候变化的影响，减小温度变形，同时降低外界对防水层的机械损伤。保温层应选用吸湿性低、耐候性强的保温材料，如聚苯乙烯泡沫塑料板或聚氨酯泡沫塑料板。保温层上面应设保护层以防表面破损，保护层要有足够的质量以防保温层在下雨时漂浮，可用块体材料或细石混凝土做保护层。

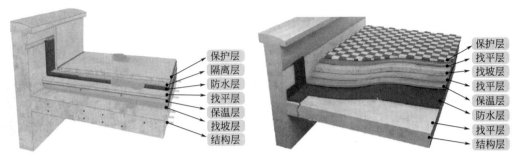

图 6.2-33　正置式保温层　　　　　　　　图 6.2-34　倒置式保温层

3. 隔汽层

在正置式保温屋顶中应设置隔汽层，防止室内水蒸气渗入屋顶保温层中使保温性能下降。隔汽层的位置一般设在保温层之下，结构层之上，如图 6.2-35 所示。通常采用气密性、水密性好的防水卷材或涂料。

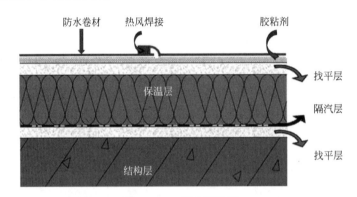

图 6.2-35　隔汽层构造

排汽管用于排出保温层中聚集的水蒸气。在保温层内设置纵横贯通的排气通道，排汽通道上连通设置伸出屋顶的排汽管，使得保温层内的气体能够及时排出，有效防止屋顶因水的冻胀、气体的压力导致屋顶的开裂破坏，延长屋顶的使用寿命。排汽管的构造如图 6.2-36 所示。

6.2.4　隔热

屋顶隔热是指在屋顶上采取隔热措施，以降低夏季屋顶热量对室内的影响，在我国南方地区的建筑屋顶，隔热尤为重要。常用的屋顶隔热措施有通风隔热、蓄水隔热、种植隔热、反射隔热等。

1. 通风隔热

通风屋顶是在屋顶设置通风间层来隔热，利用空气的流动散发部分热量。通风间层可以由大阶砖或预制混凝土板以垫块或砌砖架空组成。架空层内空气可以纵横各向流动。把垫块铺成与主导风向一致的条形，气流会更畅通，降温效果也会更好。通风间层还可起到遮挡阳光的作用，如图 6.2-37 所示。

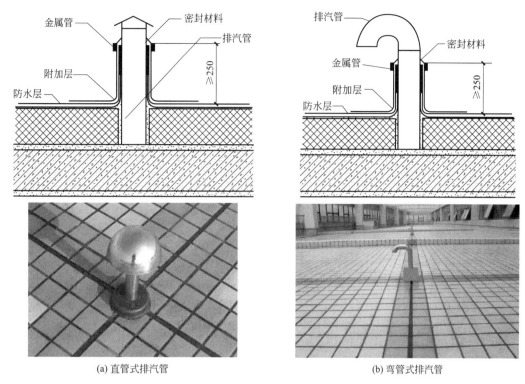

(a) 直管式排汽管　　　　　　　　　　　(b) 弯管式排汽管

图 6.2-36　屋顶排气管构造

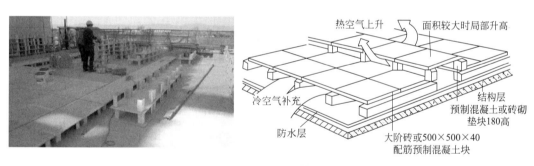

图 6.2-37　通风隔热屋顶

2. 蓄水隔热

蓄水屋顶是在平屋顶上蓄积一定深度的水，通过水的蓄热和蒸发，大量消耗投射在屋顶上的太阳辐射热，有效减少通过屋盖的传热量，从而起到隔热作用。蓄水深度以 150～200mm 为宜。泛水和隔墙应高出设计蓄水深度 100mm，并在蓄水高度处留置溢水孔。沿女儿墙底部长度方向设置间距不大于 15m 的泄水孔，泄水孔应与水落管连通，如图 6.2-38 所示。

3. 种植隔热

在屋顶上种植植物，利用植物的蒸腾和光合作用吸收太阳能辐射，以达到隔热目的。种植屋顶的结构层宜采用现浇钢筋混凝土。防水层应满足一级防水等级设防要求，应采用不少于两道防水设防，上道应为耐根穿刺防水材料，两道防水层应相邻铺设且防水层的材料应相容。种植屋顶不宜设计为倒置式屋顶，如图 6.2-39 所示。

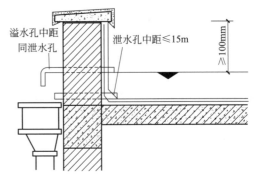

图 6.2-38 蓄水隔热屋顶

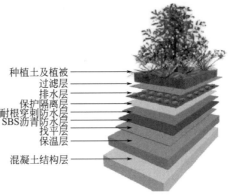

图 6.2-39 种植隔热屋顶

4. 反射隔热

反射隔热屋顶是利用屋顶材料表面的颜色和光滑程度对辐射热的反射作用，来降低屋顶的温度。屋顶可采用浅色外饰面，减少对太阳辐射热的吸收；也可采用隔热反射涂料或铝箔等材料，增大对太阳辐射的反射，如图 6.2-40 所示。

(a) 喷涂反射涂料　　　　　　　　　　(b) 铝箔反射

图 6.2-40 反射隔热屋顶

思维导图

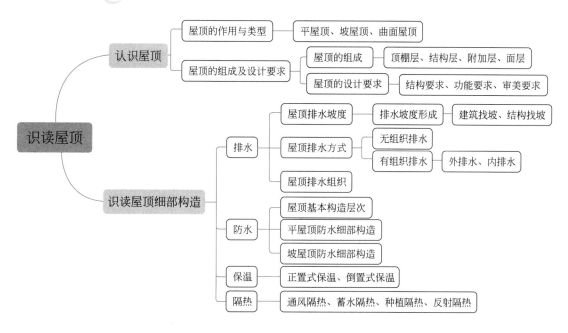

岗位任务 6　识读建筑施工图中的屋顶

岗位任务：识读建筑施工图中关于屋顶的相关做法，回答下列问题。

一、单选题

岗位任务
图纸

1. 本工程楼梯间的屋顶是（　　）。

A. 建筑找坡、上人屋顶、有组织排水

B. 建筑找坡、上人屋顶、自由落水

C. 材料找坡、不上人屋顶、有组织排水

D. 材料找坡、不上人屋顶、自由落水

2. 屋顶平面图中，其屋顶防水层采用（　　）。

A. SBS 改性沥青防水卷材　　　　　　B. 聚氨酯防水卷材

C. 细石防水砂浆　　　　　　　　　　D. 聚乙烯橡胶共混防水卷材

3. 屋顶平面图中，屋顶的找坡方式与排水坡度是（　　）。

A. 结构找坡 1%　　　　　　　　　　B. 建筑找坡 2%

C. 结构找坡 2%　　　　　　　　　　D. 建筑找坡 1%

4. 下面选项中不属于屋顶主要作用的是（　　）。

A. 承载　　　　　B. 围护　　　　　C. 装饰　　　　　D. 防水

5. 屋顶保温层在下面哪一个构造层次中？（　　）

A. 顶棚层　　　　B. 结构层　　　　C. 附加层　　　　D. 屋顶层

二、填空题

1. 常用的坡度表示方法有_____、_____和_____等。

2. 屋顶排水坡度的形成方式主要有两种，一是_____，二是_____。

3. 屋顶的排水方式分为_____和_____两种。

4. 将保温层放在防水层上，这种方式通常叫做_____保温，将保温层放在结构层之上，防水层之下，这种方式通常叫做_____保温。

5._____的作用是防止室内水蒸气渗入屋顶保温层中，从而使保温性能下降。

参考答案

项目 7 识读门窗

知识目标

1. 了解门窗的作用和类型；
2. 掌握门窗的构造。

能力目标

1. 能够识读门窗表；
2. 能够识读施工图中门窗相关信息。

素质目标

通过了解门窗材料的迭代发展，培养学生的创新意识。

有之以为利，无之以为用

原典：凿户牖（yǒu）以为室，当其无，有室之用。故有之以为利，无之以为用。

——【春秋】老子《道德经·第十一章》

释义：建造房屋，墙上必须留出空洞装门窗，人才能出入，空气才可以流通，房屋才有居住的作用。

解读：房屋的墙体是实实在在的有形之物，而在墙体上开凿出门窗洞口，才使得房屋的作用得到体现。墙体的"有"和门窗洞口的"无"两者相辅相成，两者都不可或缺。现实中我们既要看到有形之物的重要性，同时也要明白有形之物背后的无形之物同样重要。

任务 7.1 认识门窗

7.1.1 门窗的作用

门的作用
及分类

1. 门的作用

门在建筑中的主要作用是围护、分隔及室内外交通疏散，兼有采光、通风、装饰等作用，如图 7.1-1 所示。

门的数量、位置、大小及开启方向按照建筑使用功能要求考虑。根据《民用建筑设计统一标准》GB 50352—2019，门应开启方便、坚固耐用；开向疏散走道及楼梯间的门扇开足后，不应影响走道及楼梯平台的疏散宽度；全玻璃门应选用安全玻璃或采取防护措施，并应设防撞提示标志等。

(a) 围护分隔   (b) 交通疏散   (c) 采光通风

图 7.1-1 门的作用

窗的作用
及分类

2. 窗的作用

窗在建筑中主要起采光、通风和围护等作用，同时也起眺望和装饰的作用，如图 7.1-2 所示。

(a) 通风   (b) 采光眺望   (c) 装饰

图 7.1-2 窗的作用

根据《民用建筑设计统一标准》GB 50352—2019，窗扇的开启形式应方便使用、安全和易于维修、清洗；公共走道的窗扇开启时不得影响人员通行；建筑临空外窗的窗台距楼地面净高不得过低，否则应设置防护设施。

7.1.2　门窗的分类

1. 门的分类

（1）按照开启方式分为平开门、推拉门、卷帘门、弹簧门、折叠门、转门等，如图7.1-3所示。

| (a) 平开门 | (b) 推拉门 | (c) 卷帘门 |
| (d) 弹簧门 | (e) 折叠门 | (f) 转门 |

图 7.1-3　门按开启方式分类

平开门是指合页（铰链）装于门侧面、向内或向外开启的门。它在开启及关闭时噪声小，使用周期长，且保温、防尘性能较好；但开启后须占用一定的空间。平开门的应用最为广泛。

推拉门是指在门洞上、下侧安装轨道，使得门扇可以推拉的门。它使用方便、推拉自如、有效节约空间；但开启面积有限，不利用通风。推拉门分手动和自动，自动推拉门多用于办公、商业等公共建筑，手动推拉门多用于生活阳台处。

卷帘门是以多关节活动的门片串联在一起，在固定的滑道内，以门上方卷轴为中心转动上下的门。它的成本较高，开启关闭较为烦琐。

弹簧门是装有弹簧合页的门，开启后会自动关闭。某些弹簧门在使用的时候，可沿内外两个方向旋转，多使用于人口密集的公共区域。

折叠门是将门扇折成几段合在一起的门。折叠门开启后可一推到底，只占用侧边一点的空间；但它的密封性、保温性稍差。

转门是指三扇或四扇门连成一个风车形，固定在两个弧形门套内旋转的门。它自动启闭，使用方便，密闭性能好，外形大方；但其造价较高。

（2）按照主要使用材料分为木质门、钢质门、铝合金门、玻璃门等，如图 7.1-4 所示。

| (a) 木质门 | (b) 钢质门 | (c) 铝合金门 | (d) 玻璃门 |

图 7.1-4 门按主要使用材料分类

木质门，即主要使用木材制作的门。它具有天然环保、装饰效果好、隔声效果出色等优点；但由于木材本身的特性，导致木质门防水耐火性能差、价格较为昂贵、易开裂变形、修复较为困难。一般用于卧室、书房、入户门等不常遇水的地方。

钢质门较木质门更结实，不易被破坏，长期使用不易变形，且防蛀、防潮、防污、耐热等性能较好。一般适宜用作入户门、防火门。

铝合金门是采用铝合金型材制作的门。它具有材质轻盈、造型美观、加工方便等优点；然而铝材为高耗能产品，相较于其他材质的门，铝合金门的成本较高。一般适宜用于厨房、卫生间和阳台等常遇水的地方。

玻璃门一般采用安全玻璃制作。玻璃门的透光性和稳定性很好，较少出现变形、掉色等状况；然而其脆性大，抗冲击性能差，受到撞击时，玻璃易破碎。一般使用在宾馆、酒店、银行、写字楼等公共建筑中。

2. 窗的分类

（1）按照开启方式分为平开窗、推拉窗、固定窗、悬窗、百叶窗、立转窗等。如图7.1-5 所示。

(a) 平开窗

(b) 推拉窗

(c) 固定窗

(d) 悬窗

(e) 百叶窗

(f) 立转窗

图 7.1-5 窗按开启方式分类

平开窗是将铰链安装在窗扇一侧，向外或向内开启的窗。它开启灵活，便于清理，且密封性能较好，是民用建筑中采用最广泛的窗户类型之一。

推拉窗是在窗扇设轨槽、可来回推拉的窗。它无需占用室内空间，具有外形美观、密封性较好、开启灵活等优点，但通气面积受到一定的限制。

固定窗是将窗扇固定在窗框上不能开启的窗。只供采光、眺望用，通常用于走道、楼梯间的采光窗等部位。

悬窗是指沿水平轴开启的窗，是在平开窗基础上发展出来的一种新形式。根据铰链和转轴位置不同，分为上悬窗、中悬窗、下悬窗。

百叶窗是指窗扇用许多板条制成的窗，以叶片的凹凸方向来遮挡外界视线。

立转窗是旋转轴垂直安装于窗扇的中部，窗扇可转动启闭的窗。

（2）按窗框使用材料分为木窗、钢窗、塑钢窗、铝合金窗，如图 7.1-6 所示。

木窗是用木材制作窗框的窗户。木材防水性、耐腐蚀性较差，作为外窗使用时，由于长期处于户外，经受风吹雨打，木窗框很容易破坏。所以它一般作为装饰性的室内窗或木

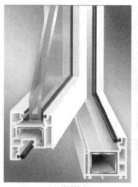

(a) 木窗　　　　　　(b) 钢窗　　　　　　(c) 塑钢窗　　　　　　(d) 铝合金窗

图 7.1-6　窗按窗框使用材料分类

隔断，与其他家具搭配使用，如用于高档别墅等。

钢窗是用优质钢材作为窗框加工组装的窗。较其他材质的窗更为结实耐用，更好地保护家居安全；钢窗的密封性、外观及耐久性则不如木窗及铝合金窗，在实际工程中的应用在逐渐减少。

塑钢窗是用聚氯乙烯（PVC）树脂为主要原料制作窗框的窗。它具有良好的隔热性能、耐腐蚀性、气密性和隔声性能；但 PVC 材料刚性不足，须在内部附加钢条来增加硬度；塑钢材料脆性大，较铝合金更重；塑钢门窗防火性能也略差，燃烧时还会排放有毒物质，如果在防火要求条件较高的情况下，推荐使用铝合金门窗。

铝合金窗是由铝合金型材制作窗框的窗，分普通铝合金门窗和断桥铝合金门窗。其窗扇框架大，可镶较大面积的玻璃，使得室内光线充足。铝合金窗具有美观、密封、强度高，广泛应用于建筑工程领域，常用于封装阳台。

其中断桥铝合金窗是利用塑料型材将室内外两层铝合金既隔开又紧密地连接成一个整体，构成一种新的隔热型铝型材，以克服合金固有的高热导率，并与中空玻璃和密封材料相结合，达到门窗隔热保温节能的效果。断桥窗在多方面性能上均具有良好的表现，生产过程中无伴生有害物且可回收，但造价颇高。

任务 7.2　识读门窗

7.2.1　识读门窗表

建筑施工图中常有门窗表，表中含有门窗编号、洞口尺寸、数量、备注等信息，如图 7.2-1 所示某项目门窗表。

1. 常见门窗代码的识读

门窗表中的门窗编号包含门窗代码，常见的门窗代码如表 7.2-1 所示。

识读门窗表

门窗表

门窗编号	洞口尺寸(宽×高)(mm)	数量					备注
		一层	二层	三层	四层	合计	
M0618	600×1800	2				2	成品木门
M0821	800×2100			10	8	18	成品木门
M1021	1000×2100	4	5	10	19	29	成品木门
M1527	1500×2700	1	1		1	3	成品木门
M1827	1800×2700	6	1			7	钢化玻璃无框地弹簧门
M-1	3300×3000	2				2	钢化玻璃无框地弹簧门
M-2	5100×3000		2			2	钢化玻璃无框地弹簧门
FM-1	1500×2100	2	2	2	2	8	钢化玻璃无框地弹簧门
FM-2	1200×2100	2	2	2		6	钢化玻璃无框地弹簧门
C0818	800×1800	2		2			普通铝合金窗
C0915	900×1500			10	8	18	普通铝合金窗
C0918	900×1800	4	5	10	19	29	普通铝合金窗
C1218	1200×1800	2	2		2	6	普通铝合金窗
C1818	1800×1800	6	1	2	1	9	普通铝合金窗
MLC-1	6300×3000	2			2	4	普通铝合金窗
MLC-2	7200×3000		2			2	普通铝合金窗
BYC1810	2400×1000				8	8	百叶窗

图 7.2-1　某项目门窗表

门窗代码　　　　　　　　　　　　　　　　　　　　表 7.2-1

代码	门类型	代码	窗类型
PM	平开门	TC	推拉窗
TM	推拉门	PC	平开窗
HM	弹簧门	GC	固定窗
JLM	卷帘门	SXC	上悬窗
FM	防火门	BYC	百叶窗
MLC 或 MC	门联窗	MQ	幕墙

注：在某些项目图纸中，门窗编号中的代码，会统一采用 M、C 来表达门和窗。

2. 门窗编号的识读

门窗代码后常伴有编号，编号有两种撰写方式：

（1）直接用数字按顺序依次编号，如图 7.2-1 中的 FM-1、FM-2，表明该项目中有两种防火门；

（2）以门窗洞口的尺寸大小来进行编写，如图 7.2-1 中的 M0618、C1218 等，它们的含义如下所示：

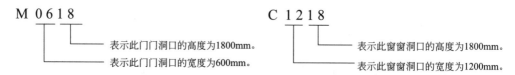

【识读案例】某行政楼的门窗表（局部）如图 7.2-2 所示。结合备注，可知表中"FM1022 乙"表达的是乙级防火门，门洞口宽度为 1000mm、高度为 2200mm，每层均有 2 樘，一共有 8 樘。

种类	门窗编号	洞口尺寸	数量					备注
			一层	二层	三层	四层	合计	
门	M1022	1000×2200	2	2			4	成品钢门
	M0921	900×2100		2	5	4	11	成品钢门
	M1524	1500×2400	2	1		1	4	成品钢门
	M1827	1800×2700	6	3			9	成品钢门
	FM-1022乙	1000×2200	2	2	2	2	8	乙级防火门
	FM-0615乙	600×1500	2	2	2	2	8	乙级防火门

图 7.2-2　某行政楼的门窗表（局部）

7.2.2　识读门窗图例

识读门窗图例

1. 门的识图

（1）平开门的识读

如图 7.2-3 所示，（a）为外开双扇平开门，（b）为内开单扇平开门。

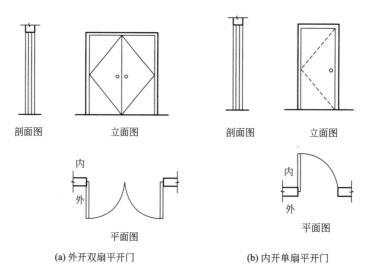

(a) 外开双扇平开门　　　　　　　　　(b) 内开单扇平开门

图 7.2-3　平开门图例

　　在剖面图中，上部加粗线框为剖切到的墙体轮廓；中部有四条细线，两侧的细线为投影可见的墙体轮廓，内侧的两条细线为投影可见的门框轮廓；下部水平加粗线为此门所在楼面。

　　在立面图中，外围加粗矩形线框为门洞轮廓，内侧矩形细线框为门框，门框内折线转折点代表合页所在侧，门扇绕着该侧旋转开启；门框线内小圆点表达门把手位置；门框内的折线线型为实线，代表此门向外开启；折线线型为虚线，代表此门向内开启［图 7.2-3 (a) 为外开、图 7.2-3 (b) 为内开〕。

　　在平面图中，两侧的粗线轮廓为剖切到的墙体轮廓，中间矩形细线框代表门扇，细弧线代表门扇开启的轨迹。

　　【识读案例】某两个住宅项目的平开门大样如图 7.2-4 所示。

　　(a) 图中表达的是向外开启的单扇平开门，合页安装在图中门框的左侧，图中虚线表达门洞轮廓，门洞口宽度为 1000mm、高度为 2200mm，其中门框宽度为 950mm、高度为 2175mm，25mm 为预留安装缝隙。

　　(b) 图中表达的是向内开启的单扇平开门，合页安装在图中门框的左侧，门洞口宽度为 950mm、高度为 2200mm。

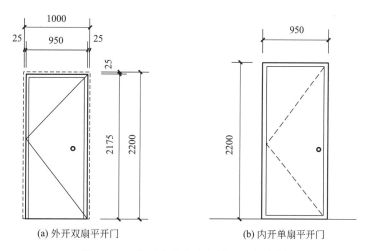

(a) 外开双扇平开门　　　　　　　　(b) 内开单扇平开门

图 7.2-4　某两个住宅项目的平开门大样

　　(2) 推拉门的识读

　　如图 7.2-5 所示，推拉门的剖面图中，图示内容类似平开门；立面图中，图示有两个门扇，箭头代表门扇的推拉方向；平面图中，两侧的粗线部分代表剖切到的墙体轮廓，中间矩形细线框代表门扇，表明两门扇沿水平方向推拉。

　　【识读案例】某住宅楼的推拉门大样如图 7.2-6 所示。图中表达的是水平双扇推拉门，门洞口尺寸宽度为 1500mm、高度为 2400mm。

　　(3) 卷帘门的识读

　　如图 7.2-7 所示，卷帘门剖面图中，图示内容类似于平开门，墙体右上侧的圆代表卷帘门的转轴所在位置，下侧的垂直细线代表门帘；立面图中，外围矩形粗线框代表门洞轮廓，中间的细线代表门帘，箭头代表卷帘门的开启方向；平面图中，两侧的粗线部分代表剖切到的墙体轮廓，中间细虚线代表卷帘门水面投影位置。

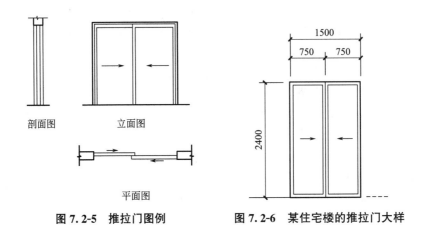

图 7.2-5 推拉门图例　　　　图 7.2-6 某住宅楼的推拉门大样

（4）弹簧门的识读

如图 7.2-8 所示，弹簧门剖面图，图示内容类似平开门；立面图中，门框内折线有实线和虚线两种，表明内、外开启均可；平面图中，细弧线也有实线和虚线两种，同样表明该弹簧门内、外开启均可。

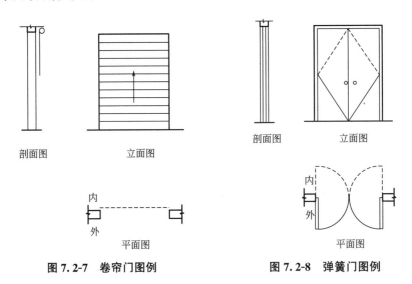

图 7.2-7 卷帘门图例　　　　图 7.2-8 弹簧门图例

2. 窗的识图

（1）平开窗的识读：识读方法类似平开门。如图 7.2-9 所示，（a）图为双扇外开平开窗，（b）图为单扇内开平开窗。

【识读案例】某宿舍楼的平开窗大样如图 7.2-10 所示，表达的是向外开启的单扇平开窗。图中下部虚线代表该窗所在楼地面位置，窗洞口尺寸宽度为 600mm、高度为 1500mm，窗台高度为 900mm。

（2）推拉窗的识读：如图 7.2-11 所示，识读方法类似推拉门。推拉窗剖面图中，上下段粗线部分为剖切到的墙体轮廓；立面图中，箭头代表窗扇开启方向；平面图中，两外侧细线代表投影看到的窗台轮廓，内侧的两条细线为投影看到的窗扇轮廓。

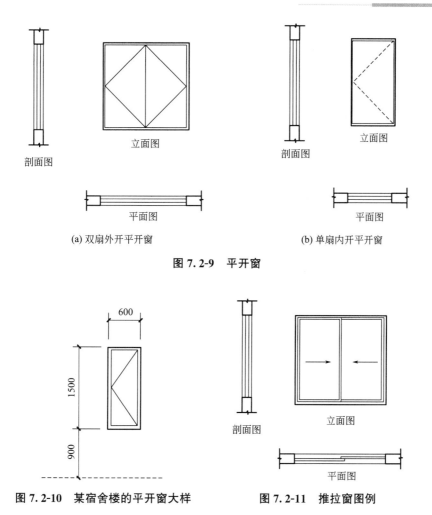

(a) 双扇外开平开窗　　　　　　(b) 单扇内开平开窗

图 7.2-9　平开窗

图 7.2-10　某宿舍楼的平开窗大样　　　　图 7.2-11　推拉窗图例

【识读案例】某住宅楼的推拉窗大样如图 7.2-12 所示。图中表达的是双扇水平推拉窗，窗洞口尺寸宽度、高度均为 1500mm，窗台高度为 900mm。

（3）固定窗的识读：识读方法类似平开窗。如图 7.2-13 所示，立面图中窗框内无折线。

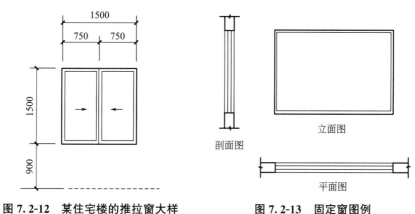

图 7.2-12　某住宅楼的推拉窗大样　　　　图 7.2-13　固定窗图例

【识读案例】某别墅窗大样如图 7.2-14 所示，窗台高度为 200mm，窗洞口宽度为 3560mm，高度为 2500mm。除左上角和右上角窗格为平开窗外，其余窗格均为固定窗。

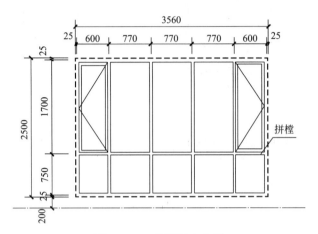

图 7.2-14 某别墅窗大样

（4）悬窗的识读：识图方法类似平开窗。如图 7.2-15 所示，悬窗剖面图中，虚线代表悬窗开启后的状态；立面图中，窗框线内折线折点代表窗扇转轴位置 [（a）图为上悬窗，转轴在最上方；（b）图为中悬窗，转轴在窗框高度的中间位置；（c）图为下悬窗，转轴在最下方]。

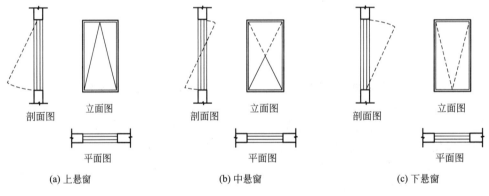

图 7.2-15 悬窗图例

【识读案例】某住宅楼窗大样如图 7.2-16 所示。图中表达的是组合窗，窗洞口尺寸宽度为 1400mm，高度为 1800mm，窗台高度为 1200mm，窗外框四周预留安装缝隙 25mm。其中下半部分为推拉窗，上半部分为两扇上悬窗。

（5）消防救援窗的识读：与普通窗不同，消防救援窗给消防人员提供救援通道。救援窗需要具备逃生功能，所以一般是能够开启的窗户；若无开启条件时，可设计成固定窗，玻璃应采用易破碎的安全玻璃。

根据《建筑设计防火规范》GB 50016—2014（2018 年版），供消防救援人员进入的窗口净高度和净宽度均不应小于 1.0m，下沿距室内地面不宜大于 1.2m，间距不宜大于 20m且每个防火分区不应少于 2 个，设置位置应与消防车登高操作场地相对应。窗口的玻璃应

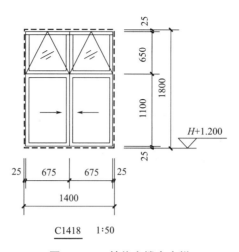

C1418   1:50

图 7.2-16   某住宅楼窗大样

易于破碎，并应设置可在室外易于识别的明显标志。

如图 7.2-17 所示，消防救援窗立面图［（a）图］中的表示方法是在窗框内左上角矩形框加黑色圆形，在实物图［（b）图］中将消防救援标识粘贴于窗上。

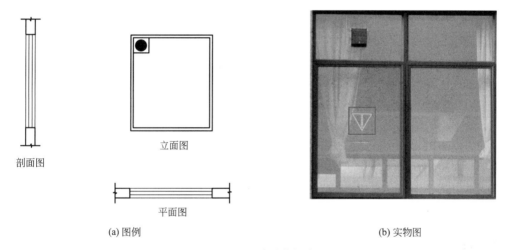

(a) 图例   (b) 实物图

图 7.2-17   消防救援窗

思维导图

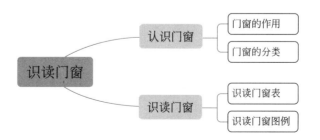

岗位任务 7　识读建筑施工图中的门窗

岗位任务
图纸

岗位任务：识读建筑施工图中关于门窗的相关内容，回答下列问题。

一、单选题

1. 门窗表所在图纸的图号是（　　　）。

A. 建施-a-2　　　　B. 建施-b-2　　　　C. 建施-b-1　　　　D. 建施-10

2. 门窗表中 C10 属于哪种类型的窗？（　　　）

A. 推拉窗　　　　　B. 平开窗　　　　　C. 固定窗　　　　　D. 上悬窗

3. 门窗表中 C8 的窗洞口高度是（　　　）mm。

A. 3000　　　　　　B. 2500　　　　　　C. 3800　　　　　　D. 800

4. 门窗表中 M1 属于哪种类型的门？（　　　）

A. 推拉门　　　　　B. 卷帘门　　　　　C. 平开门　　　　　D. 弹簧门

5. M4 在第 1-3 层的总数量是（　　　）。

A. 10　　　　　　　B. 1　　　　　　　　C. 3　　　　　　　　D. 9

6. M3 为平开门，它的开启方式是（　　　）。

A. 内开　　　　　　B. 外开　　　　　　C. 内、外开　　　　D. 图中未表达

7. 门联窗上的警告标示离地高度为（　　　）mm。

A. 3200　　　　　　B. 2500　　　　　　C. 1500　　　　　　D. 1200

二、填空题

1. 本工程丙级防火门的耐火极限是_____h。

2. 门窗表所在的图纸中，门窗图例的比例是_____。

3. 门窗表所在的图纸中，门窗图例中"G"的含义是_____。

4. 本工程外门窗抗风压性能为_____级。

5. 本工程外门窗水密性能为_____级。

参考答案

项目 8 识读变形缝

知识目标

1. 了解变形缝的作用和类型；
2. 掌握变形缝的构造做法；
3. 掌握后浇带的构造做法。

能力目标

1. 能够辨别建筑中的变形缝；
2. 能够识读图纸中的变形缝和后浇带做法。

素质目标

通过细心观察建筑变形缝，养成细致、严谨的职业素养。

⬡ **天下大事，必作于细**

原典： 天下难事必作于易，天下大事必作于细。是以圣人终不为大，故能成其大。

——【春秋】老子《道德经·第六十三章》

释义： 天下的难事，都是先从容易的地方做起；天下的大事，都是从细微的小事做起。因此圣人始终不直接去做大事，所以能够成就大的功业。

解读： 小事成就大事，细节成就完美。就如建筑中的变形缝，虽然它很小，它却可以避免建筑在多种因素下的破坏，它的施工质量直接关系到建筑的安全与使用。

我们做人做事也一样，千万不能忽视一些小细节，细节往往成就完美，细节决定成败。

任务 8.1 认识变形缝

导读：在工程实践中，建筑会受到建筑体型、地质条件、温度变化或者地震等多种因素的影响，容易开裂，甚至破坏。为了避免这种情况发生，在建筑变形敏感部位将结构断开，留出一定的缝隙，把建筑分成若干个独立的单元，允许各单元自由变形而不造成整体建筑的破坏，这种将建筑物垂直分割开来的预留缝隙被称为变形缝。

8.1.1 变形缝的类型

建筑
变形缝

1. 伸缩缝

和自然界中其他物质一样，建筑也遵循着"热胀冷缩"原理。当建筑的长度或宽度较大时，会由于这种胀缩而出现墙体开裂甚至破坏。为了避免这种情况发生，通常沿着建筑长度方向每隔一定的距离将建筑断开，这种因温度变化而设置的缝隙称为伸缩缝，也称为温度缝。如图 8.1-1 所示。

图 8.1-1 建筑伸缩缝

2. 沉降缝

当建筑上部结构层数差异较大，或者使用荷载相差较大，或因地基压缩性差异较大时，都会导致建筑产生不均匀沉降。为避免不均匀沉降使墙体或其他结构构件开裂破坏，通常设缝把建筑物分成若干个整体刚度较好，自成沉降体系的结构单元，以适应不均匀的沉降，该缝隙称为沉降缝。如图 8.1-2 所示。

3. 防震缝

当房屋体型比较复杂时，如 L 形、T 形、工字形等，在地震作用下，容易在建筑转角处发生扭转，从而导致结构破坏，为减少房屋的扭转并改善结构的抗震性能，通常设缝将建筑分成若干形体简单、结构刚度均匀的独立部分，该缝隙称为防震缝。如图 8.1-3 所示。

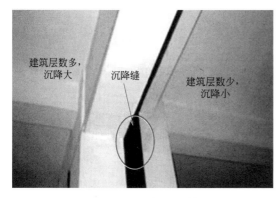

图 8.1-2　建筑沉降缝

图 8.1-3　建筑防震缝

8.1.2　变形缝的设置原则

1. 伸缩缝

为了使伸缩缝两侧建筑的变形相对均衡，伸缩缝一般应设置在建筑中段，当建筑设置几道伸缩缝时应当使各温度区的长度尽量均衡。伸缩缝要求把建筑物的墙体、楼面、屋顶等地面以上部分全部断开，并在两个部分之间留出适当的缝隙，以保证伸缩缝两侧的建筑构件能在水平方向自由伸缩。如图 8.1-4 所示。

图 8.1-4　墙体、楼面、屋顶伸缩缝

基础部分因受温度变化影响较小，不需断开。伸缩缝宽一般为 20～40mm，通常采用 30mm。

伸缩缝的最大间距，应根据不同结构而定。钢筋混凝土结构伸缩缝的最大间距宜符合表 8.1-1 所示。

钢筋混凝土结构伸缩缝的最大间距 表 8.1-1

结构	类型	室内或土中(m)	露天(m)
排架结构	装配式	100	70
框架结构	装配式	75	50
	现浇式	55	35
剪力墙结构	装配式	65	40
	现浇式	45	30
挡土墙及地下室墙壁等类结构	装配式	40	30
	现浇式	30	20

注：当混凝土浇筑采用后浇带分段施工，或者采取能减小混凝土温度变化或收缩的措施时，可适当增大伸缩缝的间距。

2. 沉降缝

为了使各结构单元自由沉降，沉降缝必须从建筑物基础底面至屋顶在垂直方向全部断开。凡属于下列情况的，应考虑设置沉降缝。如图 8.1-5 所示。

(1) 当建筑物建造在不同的地基上，并难以保证均匀沉降时。

(2) 同一建筑物相邻部分高度相差很大，或荷载相差悬殊，或结构形式不同时。

(3) 当相邻基础的结构形式、基础宽度和埋深相差很大时。

(4) 新建建筑物和原有建筑物相连时。

(5) 建筑物平面复杂，高度变化较多，有可能产生不均沉降时。

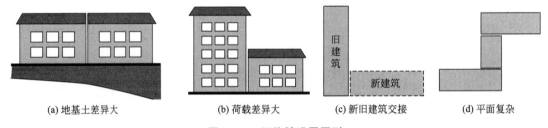

(a) 地基土差异大　　(b) 荷载差异大　　(c) 新旧建筑交接　　(d) 平面复杂

图 8.1-5　沉降缝设置原则

沉降缝的宽度与地基情况和建筑物高度有关，一般情况为 50～70 mm。

3. 防震缝

在地震设防烈度为 6～9 度的地区，有下列情况之一的建筑要设置防震缝：

(1) 建筑物立面高差在 6m 以上。

(2) 建筑物平面形体复杂。

(3) 建筑物有错层且楼板高差较大。

(4) 建筑物各部分的结构刚度、重量相差悬殊时。

在建筑设计中，为了减少变形缝的设置，通常将防震缝、伸缩缝、沉降缝协调布置，做到一缝多用。当建筑变形缝协调布置时，伸缩缝和沉降缝的宽度均应满足防震缝的最小宽度要求。一般情况下，防震缝基础可不分开，但在平面复杂的建筑中，当建筑物相连部分的刚度差别很大时，则需将基础分开。缝的两侧一般应布置双柱或双墙，以加强防震缝两侧房屋的整体刚度。

防震缝的宽度一般为 70～100 mm。

任务 8.2　识读变形缝细部构造

导读：变形缝的构造处理采取中间填缝、上下或内外盖缝的方式。上下或内外盖缝应根据变形缝的性质和位置合理选择盖缝板，使建筑在产生位移或变形时不受阻，且不破坏建筑物。为了满足建筑使用要求，变形缝应相应采取防水、防火、保温、隔声、防老化、防腐蚀、防虫害和防脱落等构造措施。

变形缝不应穿过卫生间、盥洗室和浴室等用水的房间，也不应穿过配电间等严禁有漏水的房间。

1. 墙体变形缝构造

为了防止外界自然条件对墙体及室内环境的影响，变形缝外墙一般常用沥青麻丝、泡沫塑料条等有弹性的防水材料填缝，当缝较宽时，缝口可用镀锌铁皮、彩色薄钢板等材料做盖缝处理。为了满足建筑室内的美观，以及装饰、隔声、防火等要求，外墙内侧变形缝也需要做盖缝处理，如图 8.2-1 所示。

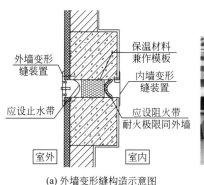

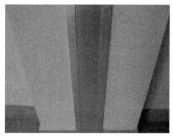

(a) 外墙变形缝构造示意图　　(b) 外墙外侧变形缝盖缝　　(c) 外墙内侧变形缝盖缝

图 8.2-1　外墙变形缝构造

2. 楼地面及顶棚变形缝构造

为了方便行走，并满足建筑防火、防水等需求，楼地面的变形缝构造处理应使地面平整、光洁、防水、卫生等。上部选用与地面材料相同的金属板或混凝土等活动盖板。缝内采用油膏、沥青麻丝等材料填充。顶棚处变形缝需结合室内装饰进行，一般采用金属板、木板、橡塑板等盖缝，盖板只能固定一侧，以保证缝的两侧构件能自由变形。如图 8.2-2 所示。

3. 屋顶变形缝构造

屋顶变形缝的构造处理原则是在保证两侧结构构件能自由变形的同时，又能满足防水、保温、隔热等屋顶构造的要求。屋顶变形缝位置有 2 种，一种设在等高屋面，如图 8.2-3 所示；另一种设在高低错落处，如图 8.2-4 所示。

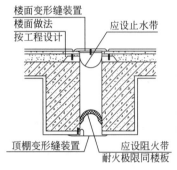

(a) 楼地面变形缝构造示意图   (b) 楼面变形缝盖板   (c) 顶棚变形缝盖板

图 8.2-2   楼地面、顶棚变形缝构造

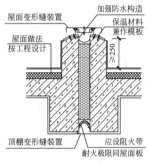

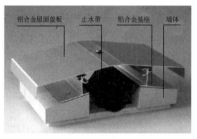

(a) 等高屋面变形缝构造示意图   (b) 等高屋面变形缝盖板模型   (c) 等高屋面变形缝盖板

图 8.2-3   等高屋面变形缝构造

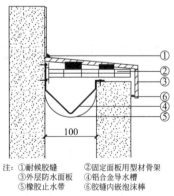

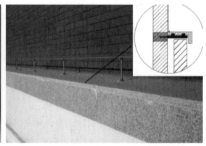

注：①耐候胶缝   ②固定面板用型材骨架
③外层防水面板   ④铝合金导水槽
⑤橡胶止水带   ⑥胶缝内嵌泡沫棒

(a) 不等高屋面变形缝构造示意图   (b) 不等高屋面变形缝盖板模型   (c) 不等高屋面变形缝盖板

图 8.2-4   不等高屋面变形缝构造

4. 设备管线穿越变形缝的补偿措施

设备管线在安装过程中，不可避免会穿越变形缝处，如不采取相应的补偿措施，就可能会因为建筑物的伸缩或沉降对管线产生破坏。

给水管道、消防管道穿越变形缝时，应在墙体两侧采取柔性连接。如图 8.2-5（a）所示。

电气管线穿越变形缝时，采用金属软管连接两线盒，并作跨接处理，如图 8.2-5（b）所示。

女儿墙避雷线穿越变形缝时，采用弯折补偿，如图 8.2-5（c）所示。

风管穿越变形缝时，应设置柔性短管连接，如图 8.2-5（d）所示。

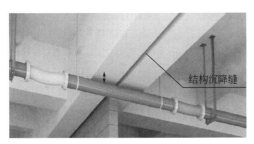
(a) 消防管道

(b) 电气管线

(c) 女儿墙避雷线

(d) 风管

图 8.2-5　设备管线穿越变形缝的补偿措施

任务 8.3　认识后浇带

后浇带是在建筑施工中为防止现浇钢筋混凝土结构由于温度变化、混凝土收缩、结构不均匀沉降可能产生的有害裂缝，按照设计或施工规范要求，在基础底板、墙、梁相应位置预留具有一定宽度的临时施工缝，将结构暂时划分为若干部分分别进行施工，经过一定时间后再浇捣该施工缝混凝土，将结构连成整体。后浇带既可解决沉降差又可减少收缩应力，它具有多种变形缝的功能，故在工程中应用较多。楼板后浇带施工过程如图 8.3-1 所示。

后浇带

1. 后浇带的分类及作用

（1）沉降后浇带：解决沉降差。设计时需准确计算高层主体结构与裙房结构的基础沉降差，在施工时用后浇带把两部分暂时断开，并在标高上预留两部分的沉降高差，待上部主体结构全部施工完毕，此时建筑主体已完成大部分沉降量，高层主体结构与裙房结构两部分标高达到一致后，再浇筑后浇带的混凝土，将两部分连成整体，从而解决了沉降差的问题。

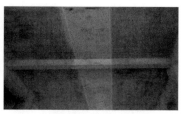

(a) 后浇带钢筋绑扎　　　　　　(b) 后浇带两侧混凝土浇筑完成　　　　　(c) 后浇带混凝土浇筑完成

图 8.3-1　楼板后浇带施工过程

这种做法要求地基土较好，房屋的沉降能在施工期间内基本完成。

（2）伸缩后浇带：减小温度收缩影响。新浇混凝土在硬结过程中都会产生收缩变形，大部分收缩变形在施工后的前 1～2 个月完成。对于单层楼面面积较大的建筑，可通过留设后浇带，将楼面分成若干区域施工，使各区域混凝土收缩自如，大大减少了收缩应力。一般待混凝土浇筑 2 个月后，收缩变形基本完成，再浇筑后浇带的混凝土，将两部分连成整体，从而减小了温度收缩的影响。

2. 后浇带设置及构造要求

（1）后浇带的位置宜选在结构受力较小的部位。

（2）后浇带的留置宽度一般为 700～1000mm，常见的有 800mm、1000mm。

（3）在有防水要求的部位设置后浇带，应考虑止水带构造。

（4）后浇带部位填充的混凝土应用比原结构高一级的补偿收缩混凝土。

【识读案例】某项目后浇带平面布置图（局部）及底板构造大样图，如图 8.3-2 所示。

图（a）为地下室底板平面图，从图中可知，该项目地下室在水平及竖直方向均设置了后浇带，后浇带宽度为 900mm。

图（b）为地下室底板后浇带构造图，从图中可知，底板厚度在后浇带处局部加厚了 250mm，并增设了附加防水卷材，后浇带两侧底板钢筋断开，在后浇带处搭接连接。底板后浇带两侧中部预埋了 3mm 厚 300mm 宽的钢板止水带，后浇带处要用比两侧底板混凝土高 C5 的微膨胀混凝土浇筑。

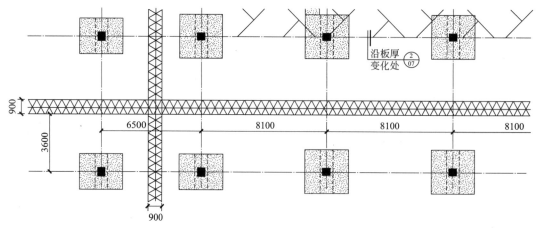

(a) 地下室底板平面图

图 8.3-2　后浇带平面布置图及底板构造大样图（一）

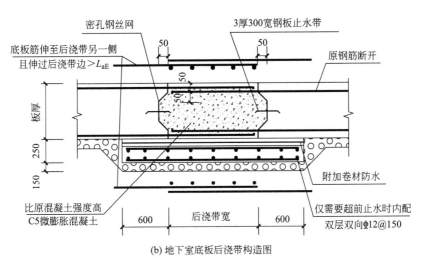

(b) 地下室底板后浇带构造图

图 8.3-2   后浇带平面布置图及底板构造大样图（二）

思维导图

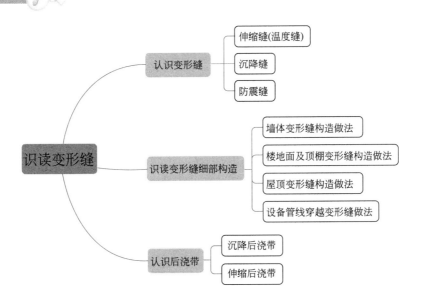

岗位任务 8   识读建筑施工图中的变形缝

岗位任务：识读建筑施工图中关于变形缝或者后浇带的相关做法，回答下列问题。

岗位任务
图纸

一、单选题

1. 当建筑物长度超过允许范围时，必须设置（　　）。

A. 防震缝　　　　B. 伸缩缝　　　　C. 沉降缝　　　　D. 分格缝

2. 当建筑物出现不均匀沉降时，必须设置（　　）。

A. 防震缝　　　　B. 伸缩缝　　　　C. 沉降缝　　　　D. 分格缝

3. 在抗震设防地区设置伸缩缝时，必须满足（　　）的设置要求。

A. 防震缝　　　　B. 伸缩缝　　　　C. 沉降缝　　　　D. 分格缝

4. 为防止建筑物在外界因素影响下产生变形和开裂导致结构破坏而设计的缝叫（　　）。

A. 分仓缝　　　　B. 构造缝　　　　C. 变形缝　　　　D. 通缝

5. 沉降缝的构造做法中要求基础（　　）。

A. 断开　　　　　　　　　　　B. 不断开

C. 可断开，也可不断开　　　　D. 刚性连接

6. 温度缝又称伸缩缝，是将建筑物的（　　）断开。

Ⅰ. 基础　　Ⅱ. 墙体　　Ⅲ. 楼板　　Ⅳ. 楼梯　　Ⅴ. 屋顶

A. Ⅰ、Ⅱ、Ⅲ　　B. Ⅰ、Ⅲ、Ⅴ　　C. Ⅱ、Ⅲ、Ⅳ　　D. Ⅱ、Ⅲ、Ⅴ

7. 关于伸缩缝、沉降缝和防震缝的说法中不正确的是（　　）。

A. 伸缩缝宽度与建筑结构类型和温度变化情况有关

B. 沉降缝应将建筑物从基础到屋顶全部断开

C. 非地震区的伸缩缝可以兼做沉降缝

D. 地震区的伸缩缝和沉降缝均应符合防震缝要求

二、填空题

1. 为解决高层建筑主楼与裙房的沉降差而设置的后浇施工带称为 ＿＿＿＿＿＿ 。

2. 为防止因建筑面积过大，结构因温度变化，混凝土收缩开裂而设置的后浇带为 ＿＿＿＿＿＿ 。

3. 扫码获取某建筑平面施工图，该建筑变形缝宽度为 ＿＿＿＿＿＿ 。

4. 扫码获取某建筑结构基础施工图，该建筑后浇带宽度为 ＿＿＿＿＿＿ ，为 ＿＿＿＿＿＿ 后浇带；后浇带部位梁钢筋 ＿＿＿＿＿＿ ，板钢筋 ＿＿＿＿＿＿ ，后浇带采用比相应结构部位 ＿＿＿＿＿＿ 混凝土浇筑，应在地下室混凝土浇筑后 ＿＿＿＿＿＿ 天后且上部主体结构封顶后方可浇筑。

某建筑平面施工图

某建筑结构基础施工图

参考答案

项目 **9** 建筑施工图综合识读

知识目标

1. 了解建筑施工图的组成；
2. 了解各图纸的用途及图示内容；
3. 掌握建筑施工图识读要点。

能力目标

1. 能够正确识读建筑施工图；
2. 具备初步分析图纸的能力。

素质目标

1. 通过学习建筑施工图中的常用符号，培养遵守建筑规范的意识；
2. 通过识读整套建筑施工图，培养理论与实际结合的综合识图能力。

 为学之实，固在践履

原典：为学之实，固在践履。苟徒知而不行，诚与不学无异。

——【宋】朱熹《朱文公文集之答曹元可》

释义：学习的目的在于实践。如果只是掌握了知识、懂得了道理而不去实践，那和不学是没有区别的。

解读：学习要理论联系实际。科学理论的威力，只有付诸实践才能发挥出来。理论学习如果痴迷于书本，忽视日常工作实践，就会导致夸夸其谈、学风漂浮。

任务 9.1 识读建筑工程施工图的常用符号

导读：建筑施工图是建筑行业的语言，是工程项目各参建单位沟通的桥梁。为了便于交流与阅读，我国现行建筑制图规范《房屋建筑制图统一标准》GB/T 50001—2017、《建筑制图标准》GB/T 50104—2017、《总图制图标准》GB/T 50105—2010 等都对建筑相关符号做了统一规定。

9.1.1 定位轴线

定位轴线是确定建筑竖向承重构件位置及其尺寸的基线。在建筑工程中，凡是承重的墙、柱等构件，都要在图纸中进行定位并编号。具体规定如下：

（1）定位轴线应用细点画线绘制，并按一定的顺序进行编号，编号应注写在轴线端部的圆内。

（2）圆应用细实线绘制，直径为 8～10mm。定位轴线圆的圆心，应在定位轴线的延长线或延长线的折线上。

（3）除较复杂需采用分区编号或圆形、折线形外，一般平面上定位轴线的编号，宜标注在图样的下方或左侧。横向编号应用阿拉伯数字，从左至右顺序编写；竖向编号应用大写拉丁字母，从下至上顺序编写，如图 9.1-1 所示。

（4）拉丁字母作为轴线号时，应全部采用大写字母，不应用同一个字母的大小写来区分轴线号。拉丁字母的 I、O、Z 不得用作轴线编号。当字母数量不够使用，可增用双字母或单字母加数字注脚，如 AA，BA，…，YA 或 A1，B1，…，Y1。

（5）标注次要竖向承重构件时，一般用附加轴线表示。附加轴线应以分数表示，分母表示前一轴线的编号，分子表示附加轴线的编号，编号宜用阿拉伯数字顺序编号。如图 9.1-2 所示。

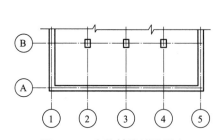

图 9.1-1 定位轴线编号顺序

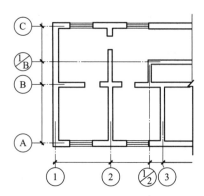

图 9.1-2 附加轴线编号

$\frac{1}{2}$ 表示 2 号轴线之后附加的第 1 根轴线。

$\frac{1}{B}$ 表示 B 号轴线之后附加的第 1 根轴线。

1 号轴线或 A 号轴线之前的附加轴线应以分母 01、0A 分别表示。如 $\frac{1}{01}$ 表示 1 号轴线之前附加的第 1 根轴线；$\frac{3}{0A}$ 表示 A 号轴线之前附加的第 3 根轴线。

（6）圆形平面图中定位轴线，其径向轴线应以角度进行定位，其编号宜用阿拉伯数字表示，从左下角或 −90°开始，按逆时针顺序编写；其环向轴线宜用大写拉丁字母表示，从外向内顺序编写，如图 9.1-3 所示。折线形平面图中定位轴线的编号可按图 9.1-4 所示的形式编写。

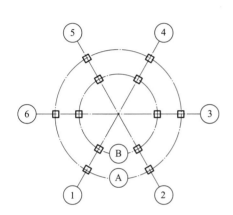

图 9.1-3　圆形平面定位轴线的编号

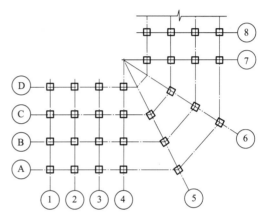

图 9.1-4　折线形平面定位轴线的编号

9.1.2　标高

标高是标注建筑物高程的一种尺寸形式，以 m 为单位，注写到小数点后三位（总平面图为小数点后两位）。在总平面图、平面图、立面图和剖面图上，常常需要用标高符号表示某一部位的标高。具体规定如下：

（1）标高符号应用细实线的等腰三角形表示，总平面图上的室外标高用涂黑的等腰三角形表示。

（2）标高符号的尖端应指至被注高度的位置。尖端宜向下，也可向上。标高数字应注写在标高符号的上侧或下侧。如图 9.1-5（a）所示。

（a）标高的指向　　　　　　（b）同一位置注写多个标高数字

图 9.1-5　标高

（3）零点标高应注写成 ±0.000，正数标高不注"＋"，负数标高应注"—"，例如 3.000、−0.600。

（4）在图样的同一位置需表示几个不同标高时，标高数字可按图 9.1-5（b）的形式注写。

标高分为绝对标高和相对标高两种。绝对标高是以青岛附近黄海平均海平面为零点测出的高度尺寸，它仅使用在建筑总平面图中。相对标高是以建筑物室内首层地面（±0.000）为参照的高度尺寸。在建筑平面图、立面图、剖面图中，使用的都是相对标高。

9.1.3　指北针与风向玫瑰图

指北针和风向玫瑰图

1. 指北针

在建筑物的首层平面图上，一般都画有指北针，以表明建筑物的朝向。指北针的形状如图 9.1-6 所示，圆的直径宜为 24mm，用细实线绘制。指针涂成黑色，指针尖为北向，并写出"北"或"N"字，指针尾部宽度宜为 3mm。需用较大直径绘画指北针时，指针尾部宽度宜为直径的 1/8。

2. 风向玫瑰图

风向玫瑰图也叫风向频率玫瑰图，是指从外部吹向地区中心的方向。它是根据某一地区多年平均统计的各个风向的百分数值，并按一定比例绘制，线段越长表示该风向出现的次数越多。风向玫瑰图一般多用 8 个或 16 个罗盘方位表示，由于形状酷似玫瑰花朵而得名，如图 9.1-7 所示。

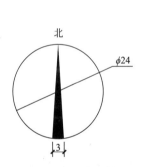

图 9.1-6　指北针

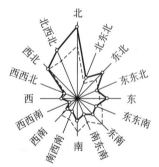

图 9.1-7　风向玫瑰图

风向玫瑰图中，粗实线表示全年风向频率，虚线表示夏季风向频率。风向玫瑰图一般放置在建筑总平面图中或首层建筑平面图中，它可以替代指北针。

9.1.4　索引符号及详图符号

索引符号与详图符号

建筑施工图中某一局部或构件，由于比例太小无法描述清楚而需另绘制详图时，常常用索引符号注明详图的位置、详图的编号以及详图所在的图纸编号，以方便施工时查阅大样。索引符号标注方法如下：

1. 索引符号

用一引出线指出要绘制详图的位置，在线的另一端画一细实线圆，直径为 8～10mm，索引符号应按下列规定编写：

（1）索引出的详图，如与被索引的图样同在一张图纸内，应在索引符号的上半圆中用阿拉伯数字注明该详图的编号，并在下半圆中间画一段水平细实线，如图 9.1-8（a）所示。

（2）索引出的详图，如与被索引的图样不在同一张图纸内，应在索引符号的下半圆中用阿拉伯数字注明该详图所在图纸的编号，如图 9.1-8（b）所示。

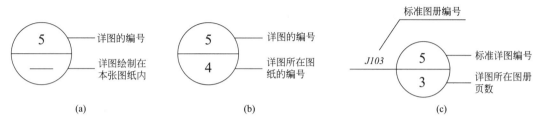

图 9.1-8　索引符号的标注

（3）索引出的详图，如采用标准图册，应在索引符号水平直径的延长线上加注该标准图册的编号，如图 9.1-8（c）所示。

（4）索引符号如用于索引剖面详图，应在被剖切的部位绘制剖切位置线，并用引出线引出索引符号，引出线所在的一侧应为剖视方向，如图 9.1-9 所示。

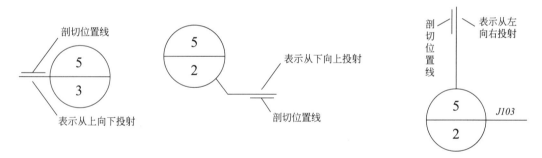

图 9.1-9　剖面详图索引方法

2. 详图符号

详图的位置和编号，应以详图符号表示。它用一粗实线圆绘制，直径为 14mm。详图与被索引的图样同在一张图纸内时，应在粗实线圆内用阿拉伯数字注明详图编号。如不在同一张图纸内，可用细实线在粗实线圆内画一水平直径，在上半圆中注明详图编号，在下半圆中注明被索引图纸号，如图 9.1-10 所示。

图 9.1-10　详图符号

9.1.5　剖切符号

剖切符号

建筑平面图只能表示建筑的内部平面布置情况，无法表达建筑内部竖向的复杂构造情况。这时我们可用假想的剖切面将房屋作垂直剖切，移去一边，暴露出另一边，再用正投影方法绘在图纸上，就可充分表现出房屋内部竖向复杂构造的情况。剖切符号标注方法如下：

1. 剖切位置线的长度宜为6～10mm；剖视方向线应垂直于剖切位置线，长度应短于剖切位置线，宜为4～6mm。绘制时，剖切符号不应与其他图线相接触。

2. 剖切符号的编号宜采用粗阿拉伯数字，按剖切顺序由左至右、由下向上连续编排，并应注写在剖视方向线的端部。需要转折的剖切位置线，应在转角的外侧加注与该符号相同的编号，如图9.1-11所示。

3. 断面的剖切符号仅用剖切位置线表示，其编号应注写在剖切位置线的一侧；编号所在的一侧为该断面的剖视方向，其余同剖面的剖切符号，如图9.1-12所示。

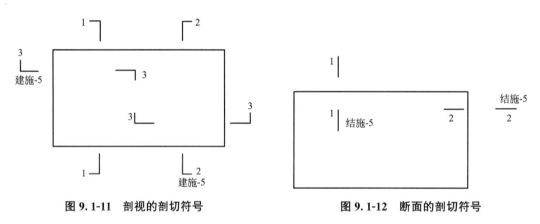

图9.1-11　剖视的剖切符号　　　　　　　　图9.1-12　断面的剖切符号

4. 当与被剖切图样不在同一张图内，应在剖切位置线的另一侧注明其所在图纸的编号。如图9.1-12所示，也可在图上集中说明。

5. 索引剖视详图时，应在被剖切的部位绘制剖切位置线，并用引出线引出索引符号，引出线所在的一侧应为剖视方向。

任务 9.2　识读建筑施工图首页

导读：建筑施工图包括图纸目录、建筑设计说明、建筑总平面图、构造做法说明、建筑平面图、立面图、剖面图等基本图纸以及墙身剖面图、楼梯、门窗、台阶、散水、浴厕等详图。当内容较少时，可把图纸目录、设计总说明、构造做法表等文字说明，全部绘制于施工图的第一张图纸之上，称为施工图首页。

9.2.1　图纸目录

编制图纸目录的目的是便于查找图纸。图纸目录一般置于全套图的首页，内容多时，可分页绘制。图纸目录一般以表格形式编写，通过目录可以了解该工程图纸的组成，包括每张图纸的名称、图纸编号、图幅大小等，如图 9.2-1 所示。

	序号	图纸编号	图纸名称	规格	备注
	01	JS-00	图纸目录	A4	
	02	JS-01	建筑设计说明	A2	
	03	JS-02	建筑装修做法表	A2	
	04	JS-03	建筑总平面图	A1	
	05	JS-04	首层平面图	A2	
暖通	06	JS-05	二层平面图	A2	
	07	JS-06	三层平面图	A2	
	08	JS-07	屋顶平面图	A2	
	09	JS-08	①～⑧立面图　　Ⓐ～Ⓖ立面图	A2	
	10	JS-09	⑧～①立面图　　Ⓖ～Ⓐ立面图	A2	
	11	JS-10	Ⅰ-Ⅰ剖面图Ⅱ-Ⅱ剖面图	A2	
	12	JS-11	楼梯大样	A2	
	13	JS-12	楼梯A-A剖面图	A2	
建筑 结构 电气 给排水	14	JS-13	檐口大样　门窗构造大样	A2	
	15	JS-14	大样图一	A2	
	16	JS-15	大样二	A2	
	17	JS-16	门窗表	A2	
	18	JS-17	门窗大样	A2	

××××设计研究院	建设单位	××××投资发展有限公司	业务号	
	工程名称	××××别墅C8型	设计阶段	建施
设计　专业负责人 项目负责人	图纸名称	图纸目录	图号	JS-00
			比例	
校对　审核			出图日期	
初审　审定			第　张	

图 9.2-1　建筑施工图纸目录

9.2.2　建筑设计总说明

建筑设计总说明是用文字的形式来表达图样中无法表达清楚且带有全局性的内容，主要说明工程设计依据、工程概况、设计总则、各部位构造做法、用料选择及施工要求等。

1. 设计依据：说明本工程建筑施工图设计的依据性文件、批文和相关标准。如图9.2-2所示。

1　设计依据

 1.1　项目批准文件

  1.1.1　发包人(建设单位)设计委托书或设计任务书；

  1.1.2　____市城市规划局关于同意修建性详细规划的批复；

  1.1.3　____市建设局关于同意初步设计的批复；

  1.1.4　____市城市规划局关于送审建筑设计方案的复函；

  1.1.5　____市消防部门关于送审建筑设计方案的复函；

  1.1.6　本工程设计合同。

 1.2　城市规划文件

  1.2.1　建设用地规划许可证(附规划设计条件和用地红线图)；

  1.2.2　建设工程规划许可证。

 1.3　历次相关会议纪要及往来文件

 1.4　工程建设标准和设计技术规范([ ]中有"✓"的为选项)

[✓]	《房屋建筑制图统一标准》	(GB/T 50001—2017)
[✓]	《总图制图标准》	(GB/T 50103—2010)
[✓]	《建筑制图标准》	(GB/T 50104—2010)
[✓]	《民用建筑设计统一标准》	(GB 50352—2019)
[✓]	《建筑工程建筑面积计算规范》	(GB/T 50353—2013)
[✓]	《建筑设计防火规范》	(GB 50016—2014)(2018年版)
[✓]	《住宅建筑规范》	(GB 50368—2005)
[✓]	《住宅设计规范》	(GB 50096—2011)
[✓]	《民用建筑热工设计规范》	(GB 50176—2016)
[✓]	《建筑玻璃应用技术规程》	(JGJ 113—2015)
[✓]	《铝合金门窗》	(GB/T 8478—2020)
[✓]	《外墙外保温工程技术标准》	(JGJ 144—2019)
[✓]	《地下工程防水技术规范》	(GB 50108—2008)
[✓]	广东省标准《铝合金门窗工程技术规范》	(DBJ/T 15-30—2022)
[✓]	广东省标准《建筑防水工程技术规程》	(DBJ/T 15-19—2020)
[✓]	《工程建设标准强制性条文(城乡规划部分)》	(建标[2000]179号)
[✓]	《工程建设标准强制性条文(房屋建筑部分)》	(建标[2000]85号)
[✓]	《全国民用建筑工程设计技术措施》规划·建筑·景观	(2009年版)
[✓]	《建筑工程设计文件编制深度规定》(2016年版)	(住房和城乡建设部2016年11月17日)
[✓]	国家与地方其他相关规范、法规、规程	

图 9.2-2　设计依据

每本标准后面都会有相应的标准编号。标准编号由国家标准代号、标准发布顺序号和标准发布年号（四位数组成）。

标准代号中：GB 代表国家强制性标准，如《民用建筑设计统一标准》GB 50352—2019；GB/T 代表国家推荐性标准，如《总图制图标准》GB/T 50103—2010；JGJ 代表建筑行业标准，如《外墙外保温工程技术标准》JGJ 144—2019；DBJ 代表地方建筑标准，如广东省标准《建筑防水工程技术规程》DBJ/T 15-19—2020。

2. 工程概况：内容一般应包括项目名称、项目地点、建设单位、建筑面积、建筑层数、建筑高度、建筑类型、耐火等级、结构类型、建筑使用年限、人防工程防护等级、屋面防水等级、地下室防水等级、抗震设防烈度等，以及能反映建筑规模的主要技术经济指标。如图 9.2-3 所示。

2　工程概况

2.1　项目名称：××××××住宅楼

2.2　项目地点：××××××

2.3　建设单位：××××××

2.4　总用地面积：＿＿186.53＿＿m²　总建筑面积：＿＿699.38＿＿m²
　　　（其中：地上＿353.47＿m²；地下＿358.75＿m²）建筑基底面积：＿186.53＿m²

2.5　建筑层数和建筑高度：4层，14.600m

2.6　建筑类型：＿小型居住建筑＿　建筑工程等级：＿＿＿＿＿＿

2.7　建筑防火分类：＿多层住宅＿　耐火等级：＿二级＿

2.8　人防工程防护等级：＿＿＿＿＿＿

2.9　本工程建筑物的屋面防水等级为＿Ⅲ＿级，地下室防水等级为＿Ⅰ＿级，
　　　外墙防水等级为＿Ⅱ＿级，厕、浴、厨防水等级为＿Ⅱ＿级

2.10　建筑物抗震设防烈度：＿7度＿　抗震设防分类：＿丙类＿

2.11　建筑设计使用年限：50年

2.12　结构类型：框架结构

2.13　本工程住宅的套型及套数等详总图中的主要经济技术经济指标。

2.14　本工程幕墙、人防、园林工程及室内装修工程不属于本次设计范畴。

建筑施工图识读—建筑设计总说明

图 9.2-3　工程概况

3. 设计总则：说明本工程采用的坐标系统、高程系统、设计标高±0.000 对应的绝对标高、图纸尺寸标注单位，以及建筑标高与结构标高的关系等。如图 9.2-4 所示。

3　设计总则

3.1　本项目坐标系统为［√］城市测量坐标系统 ［ ］建筑坐标系统。
　　　本项目高程系统为［ ］56黄海高程基准 ［√］85高程基准 ［ ］珠江高程基准
　　　设计标高±0.000m＝高程系统＿14.600＿m。并应根据现场实际情况最后确定。

3.2　本工程施工图所注尺寸，除总平面及标高以米为单位外，其余均以毫米为单位。

3.3　图中标高为结构面标高；需要标注建筑完成面标高的部位，以括号内数字表示建筑完成面标高。

3.4　施工安装及质量验收均以图中标注尺寸为准，不得度量图纸。

3.5　本工程各层平面图中凡有放大平面图或详图者，见具相应的放大图或详图。

3.6　有关施工安装和质量验收均须严格遵守国家现行的各项施工技术标准和技术规范。

3.7　本工程所选用的建筑材料及装修材料必须符合《民用建筑工程室内环境污染控制规范》
　　　（GB 50325—2001）。

3.8　本施工图须与结构、给排水、电气、暖通等有关专业图纸密切配合施工。

3.9　本说明未详尽之处严格按国家和地方建筑行业标准执行。

3.10　施工中如需变更设计，必须征得设计方同意，并发设计变更通知，方可施工。

图 9.2-4　设计总则

4. 材料与构造说明：分别介绍墙体工程、楼地面工程、屋面工程、门窗工程、幕墙工程等各项构造要求及做法。可用文字说明或部分文字说明加表格形式表达，如图 9.2-5 所示。

4.4 楼地面

4.4.1 室内地面混凝土垫层设置纵横伸缩缝（平头缝），间距≤6m。垫层切断钢筋。细石混凝土地面面层设置分格缝，分格缝与垫层伸缩缝对齐，缝宽20mm，内填嵌缝膏。

4.4.2 水泥砂浆地面面层按具体情况分缝（宜与结构开间划分），缝宽5～8mm，用专用填缝料填缝。砂浆（掺3%防水粉）做不小于0.5%排水坡度坡向地漏。

4.4.3 室内经常有水的房间、室外阳台、外走廊应做地面。楼地面防水用1:2.5水泥。

4.4.4 除标明处以外，建筑物四周应做散水及明沟。明沟做详图处置；散水为1m宽，60mm厚C15混凝土随打随抹光，散水坡度4%，纵向每6m做伸缩缝一道，缝宽20mm，散水与外墙间设通长缝，缝宽10mm，缝内均填沥青砂浆。

4.4.5 走廊和阳台、卫生间楼地面成面比一般房间低 <u>50</u> mm。其余有高差的详见图纸。

4.4.6 不同材料的楼地面按详图处置。如无标明可用水泥砂浆找平层或C10细石混凝土调整。

4.4.7 所有设备房门用与楼板相同强度等级的混凝土块100mm高同墙空门槛。

4.4.8 地坪做法：先将原土平整。如有填土则应分层洒水夯实，每层松土厚度≤200mm，如填砂，则应用水冲实，然后现浇100mm厚C20混凝土垫层(包括门口踏步及散水)垫层分缝≤6m×6m，缝宽15～20mm。

4.5 屋面

4.5.1 屋面基层与突出屋面结构(女儿墙、墙、天窗壁、变形缝、烟囱、管道等)的连接处，以及在基层的转角处(檐口、天沟、斜沟、水落口、屋脊等)水泥砂浆粉刷均应做成圆弧或钝角。

4.5.2 凡女儿墙与坐砌细砖交接处，均应做柔性嵌缝，缝宽30mm，高度平砖面。嵌缝油膏可选用建筑防水油膏，其技术指标应符合规范有关规定。

4.5.3 屋面刚性防水层应严格做好分格缝，在嵌油膏前基底务必须清理工作，充分干燥。

4.5.4 在做屋面防水层之前，所有出屋面的留孔留管必须经核实无遗漏后方可施工。

4.5.5 屋面排水雨水口按排水图图选用标准图相应的做法，屋面找坡坡向雨水口，雨水口位置及坡向详见给排水图及建筑屋顶平面图。

4.5.6 高屋面雨水排至低层屋面时，应在雨水管下方屋面铺放一块500mm×500mm×50mm细石混凝土板保护屋面。

4.5.7 采用各种新型卷材及冷底防水涂料作防水层时，应根据卷材、粘结胶、防水涂料的不同施工要求，由供应厂方负责指导并提供必要的施工要点，以保证施工质量。

4.5.8 水泥砂浆找平层应设分格缝，纵横间距不应大于6m。

图 9.2-5 材料与构造说明（部分）

5. 其他设计及施工要求说明：对于前面未提及的内容以及施工中需要注意事项，一般在这部分进行统一说明，如图 9.2-6 所示。

9 其他

9.1 本工程所有装饰材料的材质、颜色、规格，包括墙面、楼地面、油漆等，施工单位均应先做样板，经与设计单位、使用单位商定后，方订货及大面积施工。

9.2 凡贴墙、柱、楼地面等之大型石材，磨光花岗石颜色及纹理须经看样，且试铺排确定。

9.3 砌体要求平整，灰缝均匀饱满，所有墙(柱)、楼(地)面、顶棚等抹面及面层粉刷要求平整、洁净，并应符合有关工程施工及验收规范的要求。

9.4 给排水管宜暗敷设置，位置详水施图；不在管井的立管均以侧砖包砌，横管应在吊顶上或楼地面以下安装，不应走在地面处。

9.5 暗装在管井、吊顶内的管道，凡阀门及检查口处应设检修门。如未特别注明者：
   1. 墙面检查口处检修门洞口尺寸均采用250mm×250mm；
   2. 阀门处检修门洞口尺寸均采用500mm×500mm。

9.6 风机盘管水管阀门下方的封闭式天花吊顶均应设置600mm×600mm的检修口。

9.7 游泳池及食用水池内壁所用的防水材料必须经检验鉴定认为无毒方可施工，并经蓄水化验水质符合卫生标准后方能使用。

9.8 本工程除特殊注明外，一般商场中货架、橱窗等设施，厨房和备餐的灶台、厨具等非固定设施，以及卫生间内洁具等均由使用单位自理(另有详图者除外)。

9.9 建筑物屋面避雷带位置详见电气专业施工图。避雷设施应在全施工过程中按要求实施。

图 9.2-6 其他设计及施工要求说明（部分）

9.2.3 建筑构造说明

建筑构造说明是对建筑屋面、地下室、楼地面、踢脚、顶棚、内外墙面、墙裙、散水等建筑部位构造做法进行说明。工程中常采用表格形式表达，称为建筑构造做法表。表格内容一般包括：构造类别、做法、适用部位等。多数工程构造做法属于房屋的基本土建装修，所以又称为建筑装修表，如图9.2-7所示。

建 筑 构 造 做 法 表 一

类别	编号	用 料 做 法	适用部位
楼地面	楼-1 ☑	1. 面层具体按甲方售楼的交楼装修标准实施 2. 20厚1:2水泥砂浆保护层 3. 3厚隔声弹性垫层 4. 素水泥浆结合层一道 5. 钢筋混凝土结构楼板	除阳台、卫生间、厨房、入户花园以外楼地面 除楼-5外
	楼-2 ☑	1. 20厚1:2水泥砂浆，收水后压光 2. 水泥浆一道 3. 钢筋混凝土结构楼板	设备机房、商铺 疏散楼梯及踏步
	楼-3 ☑	1. 30厚1:4干硬性水泥砂浆，面上撒素水泥 2. 素水泥浆结合层一道 3. 钢筋混凝土结构楼板	住户大堂 电梯厅
	楼-4 ☑	1. 5厚水泥胶粘贴8~10厚300×300防滑地砖铺实拍平 2. 1:2.5水泥砂浆找平层20厚 3. 20厚防水砂浆 4. 1:2.5水泥砂浆找平保护层20厚 5. 2厚JS复合防水涂料，分纵横两道涂刮，四周沿墙上翻1500高 6. 刷基层处理剂一遍(基层必须干净、干燥) 7. 1:2.5水泥砂浆找平层20厚(最薄处找坡向地漏1%) 8. 钢筋混凝土结构楼板，上刷素水泥浆结合层一道	卫生间、厨房
	楼-5 ☑	1. 防水砂浆找平层一遍 2. 钢筋混凝土结构楼板	遮阳板
踢脚	踢-1 ☑	1. 8~10厚面砖，水泥浆擦缝 2. 3~4厚纯水泥浆镶贴 3. 17厚2:1:8水泥石灰砂浆，分两次抹灰 4. 刷素水泥浆一遍(内掺水重3%~5%白乳胶)	楼梯间及前室

类别	编号	用 料 做 法	适用部位
屋面	屋-1 ☑	1. 15厚最薄1:2.5防水砂浆找坡找平层，面上撒素水泥压光 2. 1.2厚聚乙烯橡胶共混防水卷材 3. 1:2.5水泥砂浆找平层20厚 4. 钢筋混凝土结构板(板面清刷干净，纵横各扫水泥一道。突出墙面的腰线、檐板、窗楣板上部均应做防水处理，并应设置不小于5%的向外排水坡。下部应做滴水，板面与墙面交角处应做成圆角(半径50的圆角)	天面排水沟 混凝土雨篷 突出墙面的腰线、檐板、窗楣板
地下室	地下室侧壁 ☑	1. 素土回填夯实(按施工坑宽度) 2. 50厚聚苯板保护层用聚醋酸乙烯胶合剂粘贴 3. 涂基层处理剂一道 4. 涂刷2厚SBS防水涂料 5. 自防水钢筋混凝土结构侧板.抗渗等级为S6板面扫素水泥一道 6. 15厚1:3水泥砂浆打底扫毛 7. 5厚1:2水泥石灰砂浆抹面 8. 褔粉膩子刮面砂纸打磨光滑2厚 9. 白色乳胶漆一底一道	地下室
	地下室底板 ☑	1. 抗渗钢筋混凝土结构底板.板面扫素水泥浆一道 2. 40厚聚苯板SBS防水保护层 3. 涂刷2厚SBS防水涂料 4. 20厚1:2.5水泥砂浆找平保护层 5. 100厚 C15混凝土垫层 6. 素土夯实	地下室
	地下室顶板 ☑	1. 40厚现浇细石钢丝网混凝土防水层(4m×4m)设分隔缝、缝内填充聚乙烯泡沫和高弹性密封胶 2. 无纺布隔离层 3. 涂刷2厚SBS防水涂料 4. 20厚水泥砂浆找平层 5. 抗渗防混凝土结构楼板.详见结施	地下室顶板绿化

图 9.2-7 建筑构造做法表（部分）

任务 9.3 识读建筑总平面图

9.3.1 总平面图的形成和用途

建筑总平面图（简称"总图"）是采用俯视投影的图示方法，绘制新建工程四周一定范围内的地形、地貌、道路、建筑物、构筑物等的水平投影图。其用途有两个：

1. 反映新建房屋的平面轮廓、层数、位置、朝向、与原有建筑物的位置关系、周围环境、地形地貌、道路和绿化的布置等情况。

2. 是建筑房屋定位、施工放线、填挖土方及设计其他专业（水、电、暖、煤气等）管线平面图和施工总平面布置图的依据。

9.3.2 总平面图的图示方法

1. 图线

总平面图中，新建建筑物轮廓用粗实线绘制，原有建筑物轮廓采用细线绘制，如图9.3-1 所示。

建筑总平面图识读

表2.1.2　图线

名称		线型	线宽	用途
实线	粗		b	1. 新建建筑物±0.00高度的可见轮廓线 2. 新建的铁路、管线
	中		$0.5b$	1. 新建构筑物、道路、桥涵、边坡、围墙、露天堆场、运输设施、挡土墙的可见轮廓线 2. 场地、区域分界线、用地红线、建筑红线、尺寸起止符号、河道蓝线 3. 新建建筑物±0.00高度以外的可见轮廓线
	细		$0.25b$	1. 新建道路路肩、人行道、排水沟、树丛、草地、花坛的可见轮廓线 2. 原有（包括保留和拟拆除的）建筑物、构筑物、铁路、道路、桥涵、围墙的可见轮廓线 3. 坐标网线、图例线、尺寸线、尺寸界线、引出线、索引符号等

图 9.3-1　总平面图中图线规定（局部）

2. 比例和单位

总平面图一般采用1：500、1：1000 或 1：2000 的比例绘制。

总平面图中的坐标、标高、距离宜以米为单位，并应至少取至小数点后两位，不足时以"0"补齐。如总图 9.3-2 所示。

建筑红线：建筑红线也称"建筑控制线"，是建筑物的外立面所不能超出的界线。

一般在城市规划管理中，控制城市道路两侧沿街建筑物或构筑物（如外墙、台阶等）临街的界线。任何临街建筑物或构筑物不得超过建筑红线。

用地红线：是围起某个地块的一些坐标点连成的线，红线内土地面积就是取得使用权的用地范围。

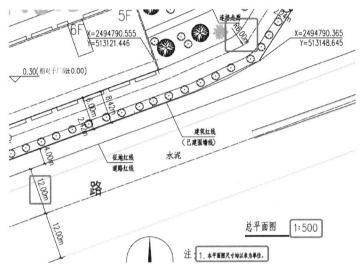

图 9.3-2　总平面图中比例、标注单位

3. 坐标

总平面图应按上北下南方向绘制。根据场地形状或布局，可向左或向右偏转，但不宜超过 45°。总图中应绘制指北针或风向玫瑰图。

新建建筑的定位方式有两种：一种是以周围道路中心线或建筑物为参照物，标明新建建筑与其周围道路中心线或建筑物的相对位置尺寸；另一种是以坐标表示新建建筑的位置，坐标定位可分为测量坐标和建筑坐标两种。

坐标网格应以细实线表示。测量坐标网应画成交叉十字线，坐标代号宜用"X、Y"表示；建筑坐标网应画成网格通线，坐标代号宜用"A、B"表示，如图 9.3-3 所示。

注：图中X为南北方向轴线，X的增量在X轴线上；Y为东西方向轴线，Y的增量在Y轴线上。A轴相当于测量坐标网中的X轴，B轴相当于测量坐标网中的Y轴。

图 9.3-3　总平面图中坐标标注

4. 标高

总平面图中标注的标高宜为绝对标高，应标注新建建筑物首层室内地面±0.00处的标高及室外地面的绝对标高。如标注相对标高，则应注明相对标高与绝对标高的换算关系。

如图9.3-4所示，图（a）中B户型住宅首层±0.00处的绝对标高为13.60m，室外地面绝对标高为13.00m。图（b）中工业厂房首层±0.00为相对标高，在文字中注明工业厂房室内地坪标高±0.00相当于国家85黄海高程3.90m。

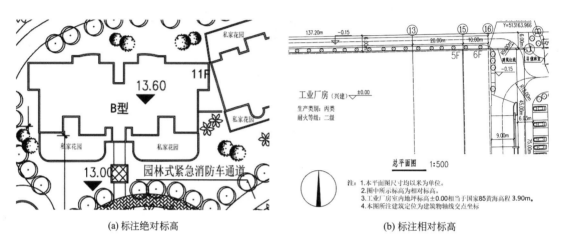

(a) 标注绝对标高   (b) 标注相对标高

图9.3-4 总平面图中标高标注

5. 图例

建筑总平面图常用图例如表9.3-1所示。

总平面图图例（摘自GB/T 50103—2010）　　　　　　　　　　　　表9.3-1

序号	名称	图例	备注
1	新建建筑物	$X=$ $Y=$ ① 12F/2D $H=59.00m$	新建建筑物以粗实线表示与室外地坪相接处±0.00外墙定位轮廓线。 建筑物一般以±0.00高度处的外墙定位轴线交叉点坐标定位。轴线用细实线表示并标明轴线号。 根据不同设计阶段标注建筑编号，地上、地下层数，建筑高度，建筑出入口位置（两种表示方法均可，但同一图纸采用一种表示方法）。 地下建筑物以粗虚线表示其轮廓。 建筑上部（±0.00以上）外挑建筑用细实线表示。 建筑物上部连廊用细虚线表示并标注位置。
2	原有建筑物		用细实线表示

序号	名称	图例	备注
3	计划扩建的预留地或建筑物		用中粗虚线表示
4	拆除的建筑物	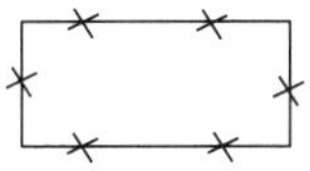	用细实线表示
5	围墙及大门		
6	坐标	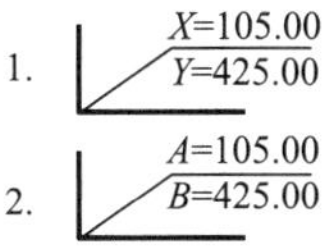 1. $X=105.00$ $Y=425.00$ 2. $A=105.00$ $B=425.00$	1. 表示地形测量坐标系； 2. 表示自设坐标系； 坐标数字平行于建筑标注
7	室内地坪标高	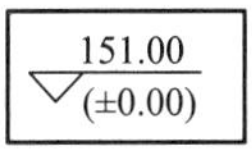 151.00 (± 0.00)	数字平行于建筑物书写
8	室外地坪标高	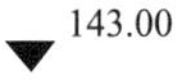 ▼ 143.00	室外标高也可采用等高线

9.3.3　总平面图识读步骤及识读案例

以图 9.3-5 某住宅总平面图为例，介绍总图识读步骤。

1. 了解新建工程的性质与总体布置，已有建筑物及构筑物的位置、道路、场地和绿化等布置情况，以及各建筑物的层数等。

本总图中，轮廓线为粗线的新建建筑为住宅楼，共 4 栋；从各栋平面轮廓右上角的黑点数可知层数均为 3 层。轮廓线为细线的原有建筑有 2 栋，建筑层数为 3 层；轮廓线为细线且绘制×的为拆除建筑有 1 栋，层数为 1 层。

2. 看新建工程的定位，往往采用与周围道路中心线的距离或是坐标来确定每一建筑物的位置，以及建筑轮廓尺寸。

本总图采用建筑坐标定位，坐标原点位于图中左下角，并标注了新建建筑三角点的坐标。建筑轮廓尺寸为 34.60m×19.60m。

3. 看新建工程首层室内地面和室外地坪的绝对标高，以及首层地面±0.00 相对标高与绝对标高的关系。还可根据室内地面标高与等高线的关系，确定土方填挖情况。

本总图中 4 栋新建建筑首层地面绝对标高分别为 53.30m，53.70m，53.10m，53.50m（这四个标高也分别是 4 栋建筑±0.00 对应的绝对标高），4 栋新建建筑室外地坪绝对标高分别为 52.30m，52.70m，52.10m，52.50m。从等高线与室内地面标高的数据关系，可判断 3 栋建筑需要填土。

4. 看总平面图中的指北针或风向频率玫瑰图，明确新建房屋、构筑物的朝向和该地

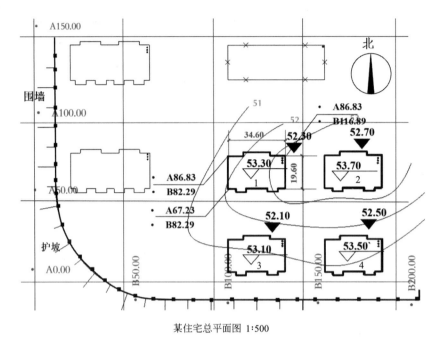

某住宅总平面图 1:500

图 9.3-5 某住宅总平面图

区的常年风向频率。

从本总图中的指北针可以看出，新建 4 栋建筑朝向均为正南北向。

任务 9.4 识读建筑平面图

9.4.1 建筑平面图的形成和用途

建筑平面图识读

形成：建筑平面图是假想用一个水平的剖切平面，在房屋门窗洞口位置水平剖开整幢房屋，移去剖切平面上方的部分，对留下部分从上向下投射所得到的图形，简称平面图。如图 9.4-1 所示。

对于多层建筑，原则上每一楼层均要绘制一个平面图，得到的平面图以所在楼层命名，如底层平面图、二层平面图等。若建筑某几个楼层平面布置相同，可将其作为标准层，并在图样下方注写适用的楼层图名，如×～×层平面图。对于局部不同的地方，则另画局部平面图。

用途：建筑平面图是指用以表达房屋建筑的平面形状，房间布置，内外交通联系，以及墙、柱、门窗等构配件的位置、尺寸、材料和做法等内容的图样。

平面图是建筑施工图的主要图样之一，是施工过程中，房屋的定位放线、砌筑墙体、门窗安装、室内装修、编制预算以及施工备料的重要依据。

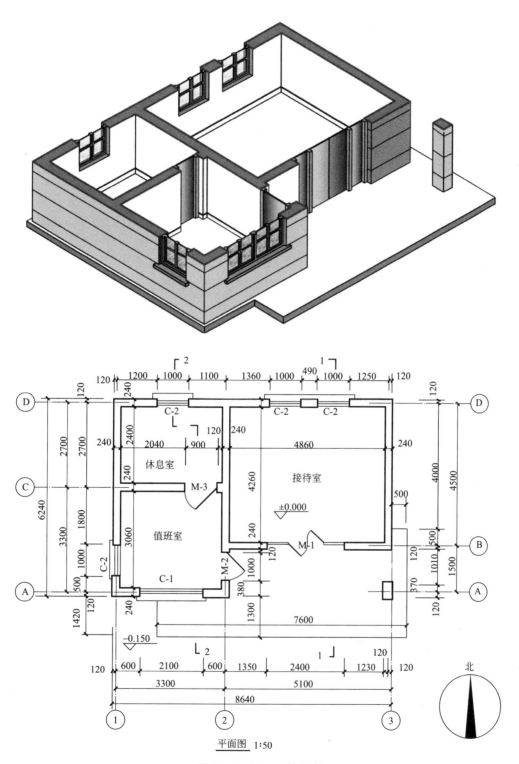

平面图 1:50

图 9.4-1　平面图的形成

9.4.2 建筑平面图的图示方法

1. 线型

被剖切到的墙体、柱用粗实线绘制；可见部分轮廓线、门扇、窗台的图例线用中粗实线绘制；较小的构配件图例线、尺寸线等用细实线绘制。

2. 比例

平面图可采用 1∶50、1∶100、1∶200 比例绘制，实际工程中常采用 1∶100 的比例绘制。

3. 尺寸标注

根据建筑平面图中尺寸标注的对象，尺寸标注可分为外部尺寸和内部尺寸两种。

外部尺寸一般标注三道：最外一道总尺寸，标注房屋长宽方向的总长、总宽（外墙面到外墙面的距离）；中间一道轴线间尺寸，标注相邻两轴线间的距离（两横向轴线之间的距离称为"开间"，两纵向轴线之间的距离称为"进深"）；最里边一道细部尺寸，标注门窗洞口、窗间墙体等细部尺寸，以及细小部分的构造尺寸、外墙的墙段及门窗洞口尺寸。

内部尺寸：标注内部门窗洞口的宽度、墙身厚度及固定设备大小、位置等的尺寸，一般只标注一道尺寸线。

9.4.3 建筑平面图识读步骤及识读案例

阅读平面图时，应由低向高逐层阅读。以图 9.4-2 某别墅首层平面图为例，介绍建筑平面图识读步骤。

1. 了解平面图的图名、比例。从标题栏中可知本工程为××××别墅 C8 型首层平面图，出图比例是 1∶100。

2. 了解建筑的朝向。从图中指北针可知房屋坐北朝南。

3. 了解定位轴线，内外墙的位置。该平面图中，横向定位轴线 1～1/8 轴线间距 17.9m，8 根主轴线，1 根附加轴线；纵向定位轴线 1/0A～1/G 轴线间距 14.15m，6 根主轴线，2 根附加轴线。

4. 了解建筑的室内外高差及入口情况。从图中可了解到该别墅室外地面标高为 −0.750m，首层有东、南、西三个方位的出入口，分别设置了有 5 个步级的室外台阶。

5. 了解建筑的平面布置情况。东边室外台阶为主入口，直接进入门厅，南边入口直接进入家庭厅和餐厅，西入口直接进入厨房和工人房。南边有一间室内标高为 −0.450m 的客厅。北边还有一间娱乐室和老人房。本楼层共有四个卫生间，老人房套内一个，娱乐室内一个，工人房套内一个，楼梯间旁还有一个公共卫生间。楼梯间在北侧的 5～6 轴之间。

6. 了解各个房间的开间、进深，门与窗的类型编号和位置。如客厅的开间和进深分别为 6300mm 和 6000mm，客厅的两扇窗均为 C1，窗洞口宽度为 3300mm，窗台高度以及窗高可查看立面或门窗大样。

7. 室外其他构造，如散水、台阶、坡道、花池、雨篷等。

8. 查看剖切符号及详图索引符号。剖切符号只在首层平面图中绘制，本平面图中

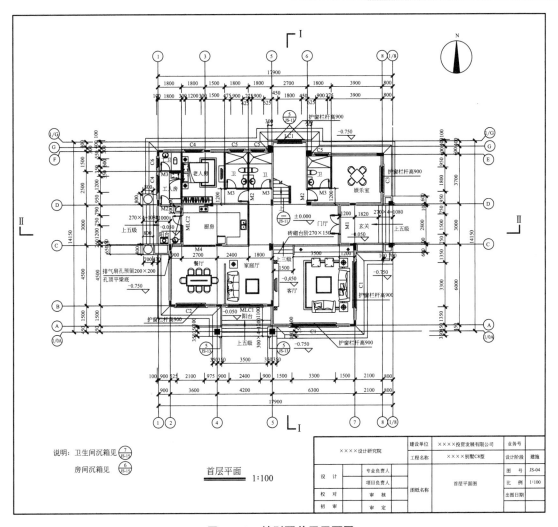

图 9.4-2 某别墅首层平面图

有 2 个剖切符号，分别从南北向和东西向剖切建筑。从剖切符号的位置以及剖切方向，可知剖面图的表达内容。本图中还有几处详图索引符号，需要按照索引符号识读方法查找大样。

屋顶平面图是屋面的水平投影图，不管是平屋顶还是坡屋顶，主要表达的内容：屋顶形状和尺寸、屋面坡度及排水方向、分水线位置、屋脊、檐沟的排水方向和坡度、排水口位置、女儿墙以及突出屋面的楼梯间、水箱、烟道、通风道、检查孔等位置。

图 9.4-3 为某商场屋顶平面图，判断屋顶是平屋顶还是坡屋顶，主要看坡度，一般平屋顶排水坡度为 2‰～3‰，坡屋顶坡度一般在 30°左右。从本屋顶平面图坡度 $i = 2\%$ 可以看出，该屋顶为平屋顶，分水线为屋面最高处，檐沟排水坡度为 $i = 1\%$，檐沟的分水线将雨水排向 6 个不同雨水口。屋面标高为 7.800m，女儿墙顶标高为 9.000m。

出屋面有 2 个楼梯间。虚线引出的平面是楼梯间屋顶，楼梯屋顶标高为 10.600m，楼梯屋顶四周翻边顶部标高为 11.000m。

图 9.4-4 为某联排别墅屋顶平面图，平面图中虽未标注坡度，但从屋顶的屋脊线或不

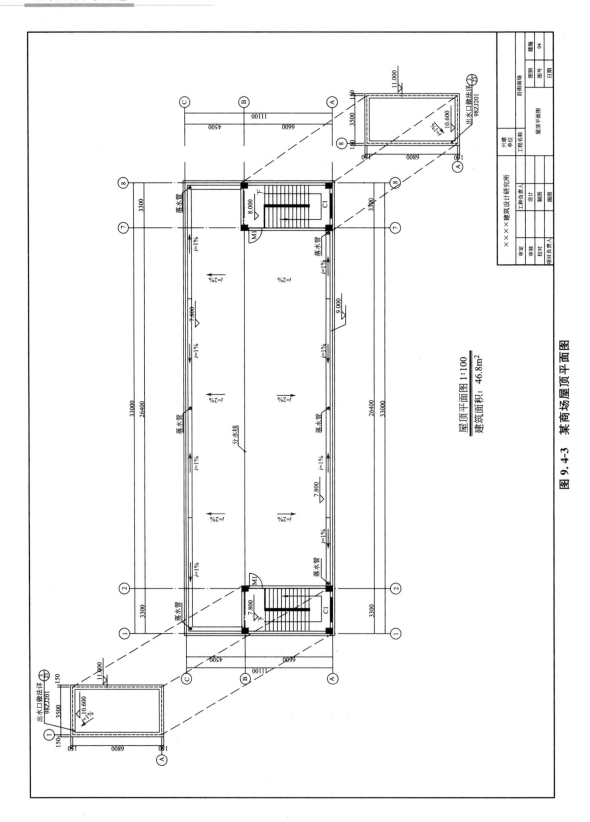

屋顶平面图 1:100
建筑面积：46.8m²

图 9.4-3　某商场屋顶平面图

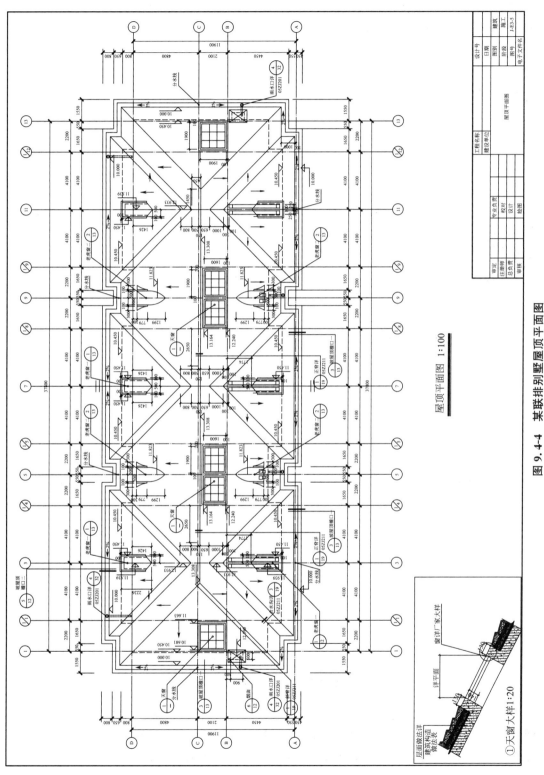

图 9.4-4　某联排别墅屋顶平面图

同部位的标高可以判断该屋面为坡屋顶。该屋顶平面图中有老虎窗、天窗、烟囱、檐沟，具体大样做法需根据详图索引符号去查找。

任务 9.5 识读建筑立面图

9.5.1 建筑立面图的形成、命名及用途

建筑立面图识读

形成：立面图是用正投影方法将建筑各个外墙面进行投影所得到的正投影图。某些平面形状曲折的建筑物，可分段展开绘制立面图，但均应在图名后加注"展开"二字。

命名：建筑立面图的图名，常用以下 2 种方式命名，如图 9.5-1 所示。

1. 以建筑各墙面的朝向来命名，如东立面图、西立面图、南立面图、北立面图；

2. 以建筑两端定位轴线编号命名，如①～⑦立面图，Ⓔ～Ⓐ立面图等。

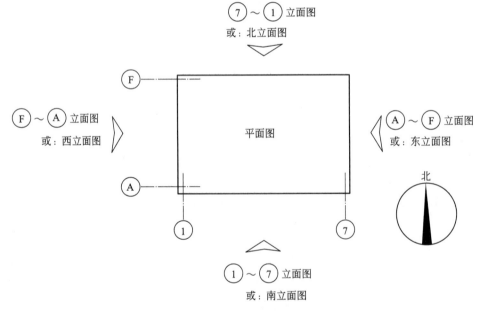

图 9.5-1 建筑立面图命名

作用：主要用来表达建筑的外形外貌，反映建筑的高度、层数，屋面的形式，墙面的做法，门窗的形式、大小和位置，以及窗台、阳台、雨篷、檐口、勒脚、台阶等构造和配件各部位的标高。建筑立面图是外墙面装饰、安装门窗的主要依据。

9.5.2　建筑立面图的图示方法

1. 线型

建筑物的外形轮廓用粗实线绘制；建筑立面凸出的轮廓线，如：雨篷、阳台、柱子、窗台、窗楣、台阶、花池等投影线均用中粗实线绘制；较细小的建筑构配件或装饰线，如：门窗、墙面等分格线、落水管、材料符号引出线及说明引出线等均用细实线绘制；室外地坪线用特粗实线绘制。

2. 比例

建筑立面图比例一般与平面图一致，常用 1：50、1：100、1：200。

3. 尺寸标注

竖直方向：标注三道尺寸，外边一道尺寸标注建筑高度方向总尺寸（室外地坪到建筑最高处）；中间一道尺寸标注层高尺寸；里边一道尺寸标注建筑的室内外高差、窗台高度、门窗洞口高度、檐口高度、女儿墙高度尺寸。

水平方向：一般标注立面图最外两端轴线间的尺寸。如有需要，也可标注一些局部尺寸。

4. 标高

立面图上应标注建筑物的室内外地坪、台阶或平台、楼地面、阳台、雨篷、檐口、女儿墙等处标高。

9.5.3　建筑立面图识读步骤及识读案例

现以图 9.5-2 某别墅立面图为例，讲解建筑立面图的识读步骤。

1. 了解立面图的图名、比例。从该立面图轴线的编号可知，该图表示南立面图，比例与平面图一样为 1：100。

2. 了解建筑高度、层数及层高。从图中可知该别墅从室外地坪（-0.750）到屋檐高度为 10.950m。别墅共三层，首层层高为 3.600m，二层及三层层高为 3.300m。

3. 了解建筑外貌特征。从图中可知别墅屋顶形式为坡屋顶，坡度为 22°，以及南立面上各门窗形式和位置，窗的窗台高度及窗高，花池、台阶、阳台、烟囱等细部的形式和位置。

4. 外墙装修做法。从图中可知，南立面外墙有"外墙一"和"外墙二"两种做法，分别在外墙不同位置处（黑点位置）引出注明。具体构造做法去查看建筑构造做法表。

5. 其他细部做法。图中楼层处线条装饰做法、阳台栏杆做法、屋檐线条做法、烟囱做法等需要分别查看详图索引符号，去大样图中查看。

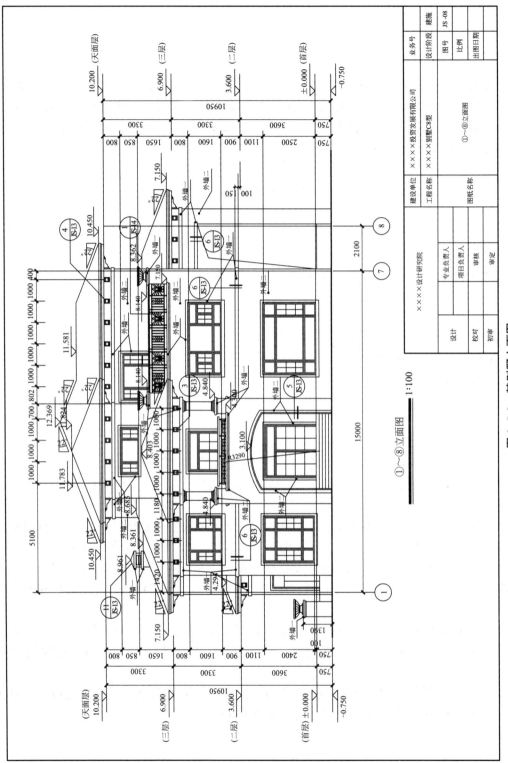

图 9.5-2 某别墅立面图

任务 9.6　识读建筑剖面图

9.6.1　建筑剖面图的形成和用途

建筑剖面
图识读

形成：建筑剖面图是假想用一个或多个垂直剖切面，将整个建筑从屋顶到基础剖切开，对视图方向的建筑部分进行正投影得到的投影图。

用途：主要用来表达建筑内部垂直方向的结构形式、沿高度方向分层情况、各部位间的联系、各层构造做法等。它与建筑平面图、立面图相配合，是建筑施工图中不可缺少的基本图样。

剖切位置：应选在建筑的主要部位或建筑构造较为典型的部位，通常应通过门窗洞口和楼梯间。剖面图的数量应根据房屋的复杂程度和施工实际需要而定，一般至少要有一个通过楼梯间剖切的剖面图。

9.6.2　建筑剖面图的图示方法

1. 线型

用粗实线绘制被剖到的墙体、楼板、屋面板、梁、楼梯段等构件轮廓；用中粗实线绘制房屋的可见轮廓线；用细实线绘制较小的建筑构配件的轮廓线、装修面层线等；用特粗实线绘制室内、外地坪线。

2. 比例

建筑剖面图的比例视建筑的规模和复杂程度选取，一般采用与平面图相同或较大些的比例绘制，常用 1∶50、1∶100、1∶200。

当剖面图绘图比例大于等于 1∶50 时，应在剖切到的构件断面画出材料图例。当剖面图比例小于 1∶50 时，则不画具体材料图例，而用简化的材料图例表示其构件断面的材料，如钢筋混凝构件可在断面涂黑以区别砖墙和其他材料。

3. 尺寸标注

竖直方向：标注三道尺寸，外边一道尺寸标注建筑高度方向总尺寸（室外地坪到建筑最高处）；中间一道尺寸标注层高尺寸；里边一道尺寸标注建筑的细部尺寸，标注墙段及洞口尺寸。

水平方向：常标注两道尺寸。里边一道标注剖到的墙、柱及剖面图两端的轴线编号及轴线间距；外边一道标注剖面图两端剖到的墙、柱轴线总尺寸。

9.6.3　建筑剖面图识读步骤及识读案例

现以图 9.6-1 某别墅剖面图为例，讲解建筑剖面图的识读步骤。

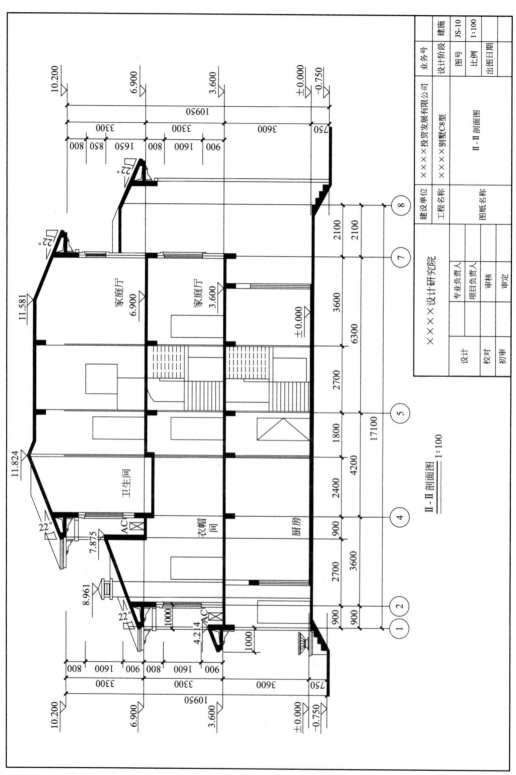

图 9.6-1 某别墅剖面图

在识读建筑剖面图之前，应当首先翻看首层平面图，找到相应的剖切符号（剖切符号只在首层平面表示），以确定该剖面图的剖切位置和剖视方向。在识读过程中，也不能离开各层平面图，应当随时对照。

1. 了解剖面图图名、比例及剖切平面的位置。该图为Ⅱ-Ⅱ剖面图，绘图比例为1∶100。剖切位置和剖视方向可以查看首层平面图，该剖面图从厨房、门厅处切开，向楼梯间方向投影。

2. 了解被剖切到的室外台阶、墙体、地面、楼面、屋顶等的构造。从图中可知西入口和东入口雨篷的做法，三楼屋面（主人房上方屋面）、卫生间等楼面位置及做法，以及屋面的做法等。

3. 了解未剖切到的可见部分，如楼梯梯段、花池、栏杆扶手、门窗、屋面、烟囱等。

4. 了解建筑各部位的尺寸和标高情况。从图中可知，二楼剖切到的窗台高度为900mm，窗高1600mm，烟囱顶部标高为8.961m，三楼家庭厅的窗台高度为1650mm，窗高850mm。

任务 9.7　识读建筑详图

9.7.1　建筑详图的用途及比例

用途：建筑平、立、剖面图所用的绘图比例较小，主要表达建筑全局性的内容，但对于建筑细部构造详细情况难以表达清楚。为了满足建筑施工的需要，必须绘制比例较大的图样，用于详细表达局部构造的形状、大小、材料及做法，这些图样就是建筑详图。

楼梯详图识读

建筑详图是建筑平、立、剖面图的补充和深化，是建筑施工的重要依据。建筑详图的内容由建筑细部和构件的表达需要而定，通常有楼梯详图、墙身详图、卫生间详图、门窗详图、节点详图等。

比例：建筑详图绘制常用1∶1、1∶2、1∶5、1∶10、1∶20、1∶30、1∶50等大比例。

9.7.2　识读楼梯详图

楼梯详图包括楼梯平面图、剖面图以及踏步、栏杆扶手、防滑条等构造详图。其主要表达楼梯的类型、结构形式、构造和装修等。楼梯详图应尽量安排在同一张图纸上，以便阅读。

1. 楼梯平面图的形成

楼梯平面图的水平剖切位置，除顶层在安全栏板（或栏杆）之上外，其余各层均在上行第一跑中间，然后向下作投影得到的投影图，如图9.7-1所示。

2. 楼梯平面图的图示内容

楼梯平面图常用比例为1∶50，按制图标准规定，各层被剖切到的梯段均在平面图中

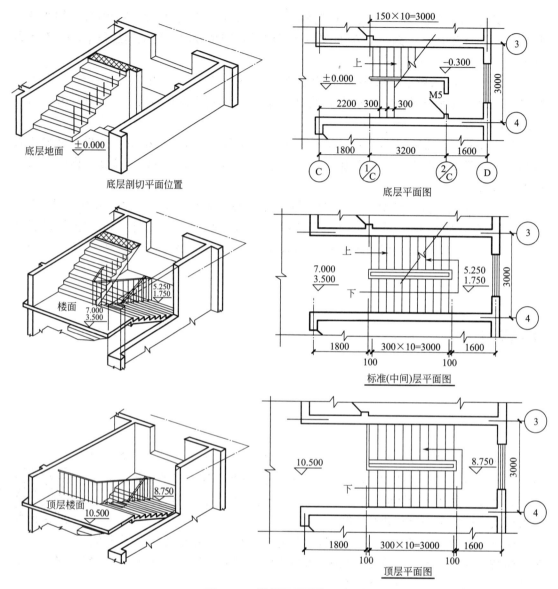

图 9.7-1　楼梯平面图的形成

以一根 45°的折断线表示，并在每一梯段上画出长箭头，并注写"上"或"下"字（以楼层标高来看上下行方向）。

一般应分层绘制，除底层和顶层平面外，中间无论多少层，只要各层楼梯做法完全相同，可只画一个平面图，即楼梯标准层平面图。楼梯平面图要表达出楼梯间墙身轴线、楼梯间的开间和进深尺寸、楼梯上行或下行方向、梯段宽度及步级数、踏面宽度、休息平台的宽度及标高。在底层楼梯平面图中，还应注明楼梯剖面图的剖切位置及剖视方向。

3. 楼梯平面图识读步骤及识读案例

识读楼梯平面图时，注意掌握楼梯各层平面图的特点。

在底层平面图中，只有一个被剖到的梯段，该梯段为上行梯段，画有一个注有"上"的长箭头。

在中间层楼梯平面图中，既要画出被剖切往上走的梯段（即有"上"字长箭头），还要画出该层往下走的完整梯段（即有"下"字长箭头）、楼梯中间平台及中间平台往下的梯段，中间平台往下的梯段与被剖切的梯段投影重合，以 45°折断线为分界。

顶层楼梯未剖到任何梯段，因而平面图中能看到两段完整的下行梯段和中间休息平台，在梯段处只有一个注有"下"的长箭头，在顶层楼梯平台临空处须设水平栏杆。

现以图 9.7-2 某别墅楼梯平面图为例，讲解建筑楼梯平面图的识读步骤。

1）了解楼梯间的开间、进深、墙体厚度等。本图中的楼梯间开间为 2700mm，进深为 4700mm，轴线到墙边的距离为 100mm。

2）识读楼梯平面形式、楼梯的走向。本图中的楼梯为平行双跑梯，靠近 5 轴的梯段为上行梯段。

3）识读楼梯梯段宽度、梯井宽度。本图中的楼梯梯段宽度为 1220mm，梯井宽度为 60mm。

4）识读梯段水平投影长度及步级数：首层至二层的梯段水平投影长度为 2700mm，踏面数为 10，步级数为 11 级。二层至三层的梯段水平投影长度为 2430mm，踏面数为 9，步级数为 10 级。步级踏面宽度为 270mm。在楼梯平面图中，每个梯段的踏面数均比楼梯剖面图中对应梯段的步级数少一个，这是因为平面图中梯段的最上面一个踏步面与平台平齐。

5）识读楼梯平台宽度及平台标高。1.800m 标高处的中间平台宽度为 1700mm，5.250m 标高处的中间平台宽度为 1570mm。

4. 楼梯剖面图的形成及图示内容

楼梯剖切位置一般选择在通过第一跑梯段及门窗洞口，并向未剖切到的第二跑梯段方向投影。楼梯剖切符号只在底层平面图中表示，如图 9.7-2 一层平面图中 A-A 剖面。

楼梯剖面图常用 1∶50 的比例绘制。楼梯剖面图主要表示楼梯间的竖向关系，如各个楼层和各层休息平台板的标高，梯段的长度，每个梯段的踏步数及踢面高度，楼梯结构形式及所用材料，房屋地面、楼面、休息平台、栏板（栏杆）、扶手和墙体的构造做法，楼梯间门窗洞口的位置及尺寸。

如果各层楼梯构造相同，且踏步尺寸和数量相同，楼梯剖面图可只画底层、中间层和顶层剖面图，其余部分用折断线将其省略。

5. 楼梯剖面图识读步骤及识读案例

现以图 9.7-3 某别墅楼梯剖面图为例，讲解建筑楼梯剖面图的识读步骤。阅读楼梯剖面图时，应与楼梯平面图对照起来一起看。看图时，要注意剖切平面的位置和投影方向。

1）了解楼梯在竖向和进深方向的有关尺寸。本图中的楼梯首层至二层的两个梯段高度为 1800mm，二层至三层的两个梯段高度为 1650mm。

2）识读各梯段的踏步数及踏步高度等。首层至二层的两个梯段的步级数为 11 级，步级高度为 163.6mm，二层至三层的两个梯段的步级数为 10 级，步级高度为 165mm。

3）识读平台、栏杆扶手等构造。栏杆高度为 1050mm，中间休息平台处设置栏杆。

6. 楼梯节点详图

楼梯节点详图主要表达楼梯栏板（栏杆）、扶手、踏步的做法，如采用标准图集，则直接引用标准图集代号。如采用特殊形式，在楼梯剖面详图中的相应位置需要标注详图索引符号，详图采用较大的比例，如 1∶10、1∶5、1∶2、1∶1，详细表示其形状、尺寸、

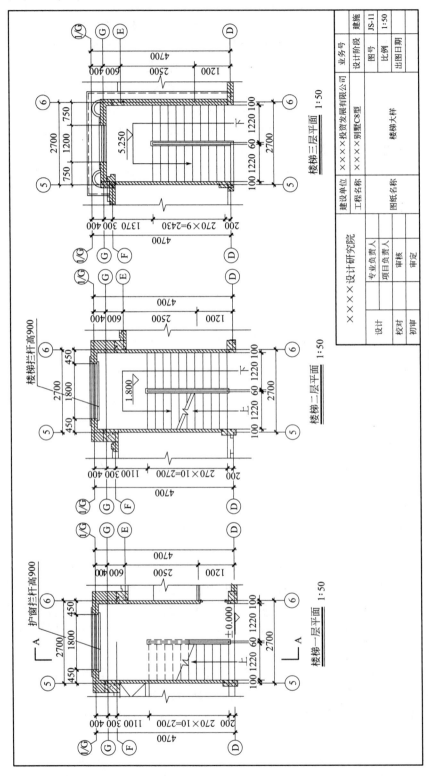

图 9.7-2　某别墅楼梯平面图

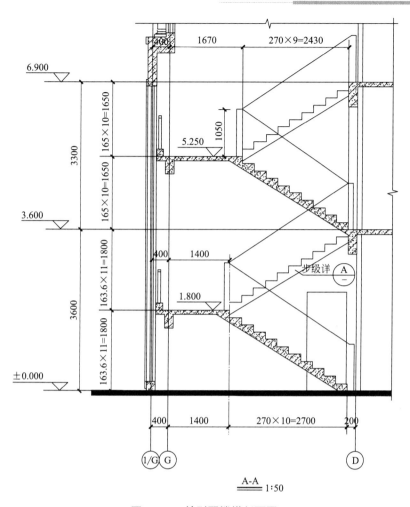

图 9.7-3　某别墅楼梯剖面图

防滑条、所用材料及具体做法，如图 9.7-4 所示。

9.7.3　识读墙身详图

　　墙身详图是建筑剖面图中墙身部位的放大图，用来表达屋面、檐口、楼地面、门窗顶、窗台、勒脚、散水的构造形式，外墙与地面、楼面、屋面的构造连接，是房屋建筑施工中砌墙、安装门窗等的重要依据。

　　墙身详图绘制比例一般较大，为节省图幅，常采用折断画法，在窗洞口中间断开，尺寸标注仍按原尺寸标注。墙身详图一般需要和其他图纸联系识图，墙身大样识读内容有：

　　1. 了解墙身详图的图名和比例，明确墙身详图的具体位置。

　　2. 了解屋面、女儿墙、天沟、楼面、室内地面、散水等多层材料构造的做法。

　　3. 了解窗台、窗楣（窗过梁）的标高、构造做法、尺寸大小，窗框与墙的相对位置。

　　图 9.7-5 为墙脚处墙身大样，从图中可知散水宽度为 800mm，散水坡度为 5%，材料

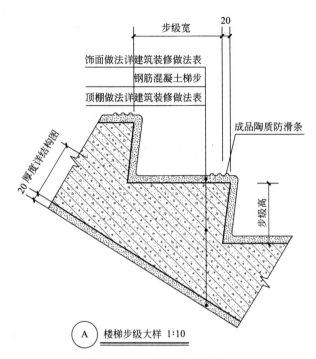

饰面做法详建筑装修做法表
钢筋混凝土梯步
顶棚做法详建筑装修做法表
成品陶质防滑条
步级宽
20
20厚度详结构图
步级高

Ⓐ 楼梯步级大样 1:10

图 9.7-4　某楼梯步级大样图

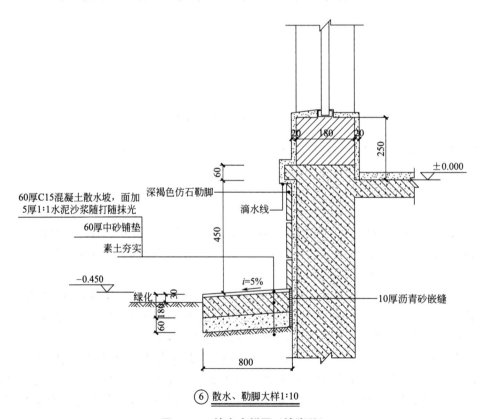

20　180　20
250
±0.000
60
60厚C15混凝土散水坡，面加
5厚1:1水泥沙浆随打随抹光
深褐色仿石勒脚
滴水线
60厚中砂铺垫
素土夯实
450
-0.450
绿化
30
i=5%
10厚沥青砂嵌缝
60 180
800

⑥ 散水、勒脚大样1:10

图 9.7-5　墙身大样图（墙脚处）

构造从下到上依次是素土夯实、60mm 厚中砂、5mm 厚 1：1 水泥砂浆、60mm 厚混凝土，散水与勒脚之间用 10mm 厚沥青砂浆嵌缝，勒脚采用深褐色仿石材料，窗台高度 250mm，窗居墙中，墙厚 180mm 等信息。

图 9.7-6 为下沉式卫生间屋顶处墙身大样，从图中可知，顶层层高为 2800mm，外墙设飘窗，窗下设 100mm 高压顶，窗台高度为 500mm，窗高 1700mm，窗楣板厚 200mm，窗楣板下端设滴水线。

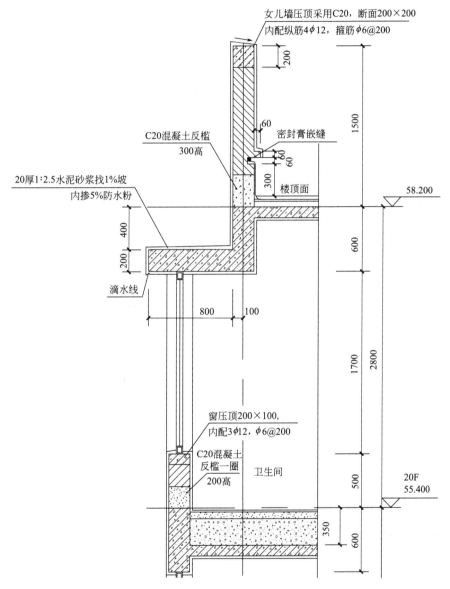

图 9.7-6 墙身大样图（屋顶处）

从图中可知泛水高度为 300mm，收口处的沟槽高度为 60mm，防水层上部用密封膏嵌缝；沟槽上侧设挡水条，挡水条挑出尺寸为 60mm，高度为 60mm；女儿墙高度为 1500mm；女儿墙压顶高度为 200mm，压顶宽同墙厚，压顶设置排水坡度坡向屋面。

思维导图

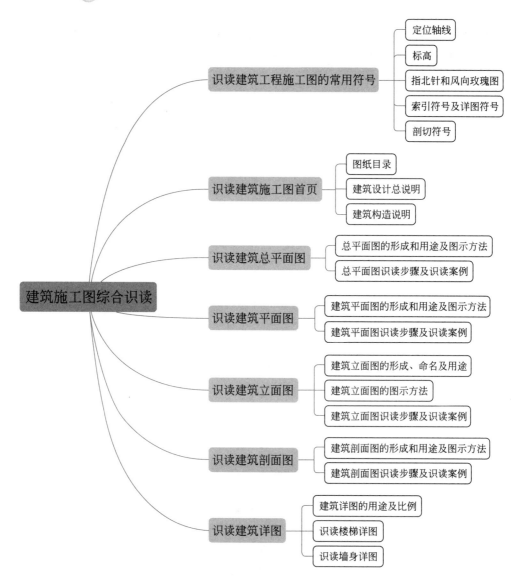

岗位任务
图纸

岗位任务：综合识读建筑施工图，回答下列问题。

一、单选题

1. 本工程建筑施工图所标注的标高为（　　　）。

A. 建筑标高　　　　　　　　B. 结构标高

C. 绝对标高　　　　　　　　　　　D. 设计标高

2 本工程钢筋混凝土雨篷的找坡材料是（　　　）。

A. 水泥砂浆　　　　　　　　　　　B. 水泥珍珠

C. 水泥膨胀珍珠岩　　　　　　　　D. 防水砂浆

3. 本工程耐火等级、屋面防水等级、厕所防水等级、外门窗水密性能分别是（　　　）。

A. 二级、Ⅱ级、Ⅱ级、3 级　　　　B. 二级、Ⅲ级、Ⅱ级、2 级

C. 二级、Ⅲ级、Ⅱ级、2 级　　　　D. 二级、Ⅲ级、Ⅱ级、3 级

4. M5 处的门槛为（　　　）。

A. C30 混凝土 150mm 高　　　　　B. C25 混凝土 100mm 高

C. C25 混凝土 150mm 高　　　　　D. C30 混凝土 100mm 高

5. 三层平面图中③轴和Ⓔ轴相交位于主卧室处墙角（　　　）。

A. 应做 1.5m 高的护腿　　　　　　B. 应做 1.8m 高的阳角

C. 应做 1.5 高的护角　　　　　　　D. 应做 1.8m 高的护角

6. 三层电缆设备管线预留洞口在（　　　）。

A. 设备管线安装完后不封堵　　　　B. 三层楼板混凝土浇筑时封堵

C. 三层楼板混凝土浇筑前封堵　　　D. 设备管线安装完后封砌

7. 此住宅二层Ⓐ～Ⓖ立面外墙保温材料为（　　　）。

A. 无机保温砂浆，难燃材料

B. 无机保温砂浆，不可燃材料

C. 墙体自保温，不可燃材料

D. 钢筋混凝土外保温，难燃材料

8. 设置电梯间时，其基坑地板设置（　　　）防水层。

A. JS 防水涂料　　　　　　　　　　B. 密封膏防水

C. SBS 防水涂料　　　　　　　　　D. 防水砂浆

9. 临 C1 窗室内应设置（　　　）。

A. 净高 1.0m 的防护栏杆　　　　　B. 净高 1.0m 的安全玻璃

C. 净高 0.9m 的防护栏杆　　　　　D. 净高 0.9m 的安全玻璃

10. 三层⑦轴的外墙与柱子交接处粉刷应（　　　）。

A. 设置钢筋锚固连接　　　　　　　B. 厚胶质水泥浆打底

C. 先清理凿毛　　　　　　　　　　D. 设置镀锌钢丝网

二、多选题

1. 本工程关于散水的说法正确的是（　　　）。

A. 散水宽 1.0m　　　　　　　　　　B. 散水混凝土厚度 0.06m

C. 散水混凝土为 C10　　　　　　　D. 散水坡度为 4％

2. 根据图纸，关于本工程，以下说法正确的是（　　　）。

A. 二层父母房内墙面采用 20mm 厚水泥砂浆墙面

B. 本项目总计有外阳台 7 个，其中转角外阳台 3 个

C. 二层有外阳台 3 个，标高比室内低 50mm，坡度不小于 0.5％

D. 天面女儿墙压顶设横向坡度 6‰ 坡向天面内

3. 根据图纸，以下错误的是（　　　）。

A. C12 窗框外周边应留宽 5mm，深 8mm 的槽，防水胶镶嵌

B. 地下室酒窖的柱脚可用角钢做保护措施

C. 首层四周应做宽度为 1m 的散水，要求每 6m 做伸缩缝一道

D. 首层平面图中 2 轴外墙面使用了 2 种防水材料

参考答案